鮑魚治味　膳趨肚參

烹調得法　味出翅心

甲辰夏晚　王亭之

FORUM
飯店
富臨
1977

細味鮑魚

王亭之署

富臨叢書

萬里機構

我十分榮幸獲黃隆滔大師的邀請為此書寫序，我們於職業訓練局轄下的「中華廚藝學院」結緣，他是學院2016年大師級中廚師課程的畢業生。身為楊貫一大師三十一年入室弟子的他，仍然不斷增潤廚藝，孜孜不倦的好學精神實在難得；我亦一向敬佩他的尊師重道及精研鮑魚烹調的專注。現在，樂見他的新著作《細味鮑魚》面世。中華廚藝作為中華文化的一部分，正正需要各方飲食界大師，無私地把廚藝精髓分享及傳承下去。

此書從清代至戰後乾鮑行情及粵菜演變説起，娓娓道出鮑魚是如何由已故楊貫一大師傳奇地發揚光大。本書對鮑魚製成乾鮑的過程進行全面剖析，深入研究乾鮑的學問。最後，向讀者闡述鮑魚由嚴選、烹調至品嘗的藝術。

中華廚藝學院自千禧年成立以來，一直匯聚飲食業界、特區政府及職業訓練局三方的力量，把源遠流長的中華廚藝文化透過有系統的中廚師培訓課程，「承先啟後，薪火相傳」。我衷心期望此著作能夠與學院的理念相輔相成，誠意推介給喜歡鑽研中華廚藝的讀者、學生及在職廚師，作為參考書籍。

最後，祝賀新書出版成功！一紙風行！大獲好評！

余國柱
職業訓練局副執行幹事

「承先啟後、精益創新」

「民以食為天」，飲食對老百姓來說是生活中甚為重要的一環，除了裹腹之外，也追求食物的「色、香、味、形」，再者追求吃得有營養、吃得健康，亦要養身，及滿足味蕾的跳動。

香港有「國際美食之都」的美譽，也是世界各地名廚及餐飲人士考察調研和打咭的東方之珠，富臨飯店就是其中一聚腳點，擁有米芝蓮三星榮譽，更有鮑魚太子「滔哥」坐陣，傳承公司一貫經營方針，招牌菜品質、人情味有增無減，每次探店喜見高朋滿座，在繁忙的餐館中，總見到滔哥的身影。

滔哥為滿足眾多「新知舊雨」美食家的求知慾，《細味鮑魚》將在富臨學習到的知識和三十多年累積的經驗，絕不吝嗇娓娓道來，由古時「鮑魚」稱之為「鰒魚」年代開始說起，慢慢進化過程。無論高端或是大眾化食肆，鮑魚這些年比較常在餐桌上見到，但要認識鮑魚就大有學問。地理環境、海水酸鹼值、海床的深度、海水常年溫度、海灣的微生物等等，都影響着鮑魚的生長。

書內提及捕撈鮑魚、醃製、曬製、儲藏、脹發、文武火焗、如何吸引客人眼簾等等，再者如何辨別鮑魚好壞及價值，更是一項不外傳秘技，最後為烹調及品嘗鮑魚的技藝文化，逐點解釋和標示。

這一本無私奉獻「認識鮑魚與製作」的著作，一定要私藏一本，行走食壇江湖，總要有本夠份量的好書傍身。

許美德

群生飲食技術人員協會理事長

一份鮑魚情！

提起鮑魚，港人知道有楊貫一大師的「阿一鮑魚」，他跟鮑魚少說也有逾五十年情，在他的推廣下，鮑魚廣為食客喜愛。

現時，市面上購買到的乾鮑魚、新鮮鮑魚、罐頭鮑魚，來源多樣，但其特徵如何、優劣如何、儲存如何……均大有學問，有見及此，今時由跟隨已故楊貫一大師三十一年的徒弟黃隆滔和大家一起分享鮑魚當中的點點滴滴。

此外，黃師傅分享烹飪和品味鮑魚之道，食客、廚學後輩均可從此書細味鮑魚。

石鏡泉
《香港經濟日報》前副社長

推薦序四

非常感謝滔哥黃隆滔邀請，為新書《細味鮑魚》撰寫推薦序，是我的榮幸。

已多年沒有到富臨飯店，但對他毫不陌生。1974 年富臨營業，那幾年常到銅鑼灣富臨吃午飯，一哥楊貫一先生是營業部經理。我喜歡富臨廚藝扎實，絕不花巧，看似簡單的菜心炒牛肉至紅燒天九翅，做得極有水準。

六年前，朋友邀請我到富臨飯店吃晚飯，當晚行政總廚滔哥招呼數次，既有禮貌又親切。當晚試了幾款懷舊菜式，包括滔哥的招牌揚州炒飯及兩款日本鮑魚菜式，鮑魚做得軟糯、鮑味濃，自此富臨成為我的不二之選，喜歡推介給朋友，尤其品嘗其傳統粵菜。

認識滔哥只有短短六年，但與他很有默契，想吃甚麼只要望着他，就知道做甚麼菜式，成為忘年之交。20 多年來，久不久會做乾鮑，參考過很多燜乾鮑食譜，從開始時戰戰兢兢浸發鮑魚，到現在得心應手。我喜歡撰寫食譜，7 年前將燜乾鮑食譜大大修改。自認識滔哥，得他過兩招，學懂挑選靚鮑魚的秘訣，期後再將食譜修改。富臨飯店是個人很喜愛的粵菜館，吃鮑魚的機會增加了，2022 年底我將燜鮑魚的食材及燜扣方式改良，務求每隻鮑魚都是軟糯及溏心。

目前在香港，最懂得挑選乾鮑，無論是哪個海域、野生或養殖的，滔哥也認識，他就是一本鮑魚字典，無一不識。過去 30 年在一哥教導下，學懂挑選乾鮑及各式烹調方式，親自到不同國家參觀乾鮑的製造過程，甚至對鮑魚燜好後入罐也認識甚深，是專家中的專家。

滔哥花了很多時間完成此書，讓大家增長鮑魚知識，我一定會愛不釋手。

大師姐（姚麥麗敏）
著名食家及專欄作家

聽到滔哥説要撰寫《細味鮑魚》，我第一時間二話不説
舉手支持！在這二十多年營運富臨飯店，從師父一哥、
經理明哥及大師兄滔哥口中，經常多多少少聽到很多有
關鮑魚的知識，實是不簡單。

自 2011 年 3 月 11 日福島海嘯後，日本鮑魚的產量驟
降，引致價格急升，以同樣價錢的鮑魚愈吃愈細。其實
製作乾鮑，每間鮑魚廠都有其特色，製作過程也各有獨
特性，廠家因天災遭到不幸，技術也有失傳。很多朋友
到西環海味街後，買回來的乾鮑都説很好，其實現在挑
選鮑魚必須很嚴謹，以前從肉眼觀察乾鮑的基本外型及
色澤已得知其質量，但現在未取辦煲煮過後，會發現品
質參差，越來越難判斷鮑魚質量了。

滔哥在編寫此書時，搜羅了世界各國多款鮑魚，逐一拍
下照片，好讓讀者知道如何分辨不同鮑魚種類。養殖鮑
魚的國家有南非、中東、智利、澳洲、墨西哥、韓國、
越南、印尼及中國等等，當然少不了製作乾鮑技術最精
湛的日本。這次身為資料蒐集及編輯校對的滔哥，花盡
了精神將所有鮑魚知識編撰本書內，若要成為鮑魚專家
及學習鮑魚的歷史，《細味鮑魚》自然是您的首選。

邱威廉
富臨飯店執行董事

序言二

光陰似箭，日月如梭。在餐飲行業奮鬥 38 年的歲月裏，我有幸能跟隨恩師楊貫一先生 31 年，學習鮑魚烹飪的點點滴滴。雖然恩師已不在人世，但他教誨的精神永遠活在我心中。

回望過往，我和恩師一起南北奔走，發揚鮑魚文化的日子依舊歷歷在目。恩師對鮑魚烹調的認真、執着和堅持，讓我深深感受到他做到極致的決心。如今我繼承他的衣鉢，以最嚴謹的態度，盡心盡力地做好這份責任，讓恩師的名譽永續傳承。

鮑魚，在中國人心目中是非常名貴的食材，而鮑參翅肚中，鮑魚更是排在首位，佔據最重要的位置。要正確認識和品鑑鮑魚，不僅要掌握烹調技巧，更需要對鮑魚有深入的認知和了解，這是非常重要的基礎。

我剛開始做學徒時，恩師為我打下了扎實的鮑魚基礎知識。當時的顧客都是富貴人家，使用的是最頂級的乾鮑。通過大量實踐接觸，我逐步了解不同等級鮑魚的特徵和味道，對品質有深入的認識和判斷能力。為我日後烹調鮑魚奠定良好的基礎，現在我對鮑魚入貨的品質很有信心。

行外人或許難以分辨不同國家的鮑魚有何不同，但只要細心鑽研，發現每個產地的鮑魚有其獨特的特徵。此外，日本鮑魚製作的工藝一向帶着神秘的面紗，從新鮮鮑魚到乾鮑，到如何燜煮，其中蘊含的歷史和秘訣，令人嘆為觀止。

有感於此，我決心將多年來積累的鮑魚烹飪知識和經驗整理成書，與大家分享，讓更多人細味這珍貴的鮑魚文化，共同推動傳統美食發展。

黃隆滔
富臨飯店行政總廚

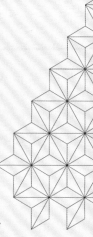

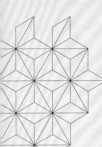

推薦序一：余國柱 / 2　　　　　推薦序二：許美德 / 3

推薦序三：石鏡泉 / 4　　　　　推薦序四：大師姐（姚麥麗敏）/ 5

序言一：邱威廉 / 6　　　　　　序言二：黃隆滔 / 7

第一章：文化底蘊與沿革

溯源篇

古代：鮑魚賤鰒魚貴 / 15

清朝：確立鮑魚名稱 / 17

歷朝：文人禮讚鮑魚 / 19

當代：王亭之論鮑魚 / 24

「鮑」你懂：鮑魚家族科學宏觀 / 23

興盛篇

戰後乾鮑行情知多點 / 34

粵菜演變與嘗鮑興起 / 39

鮑魚真經典繼往開來 / 46

「鮑」你懂：鮑魚，各有名號 / 45

第二章：乾鮑的前世今生

再生篇

製作步驟全拆解 / 54

鮑魚危機到轉機 / 59

「鮑」你懂：蓮蓉芯、活剝殼 / 58

「鮑」你懂：體外受精，生育講運氣 / 60

「鮑」你懂：鮑魚公乸有得分 / 65

點將篇

日本乾鮑頂級選　/　68

・吉品　/　70

・禾麻　/　72

・網鮑　/　74

南非鮑魚夠豪氣　/　78

・加工鮑魚　/　79

・養殖鮑魚　/　82

澳洲量豐港流行　/　84

中東鮑味力驚喜　/　86

中國乾鮑探潛力　/　88

其他地區放眼望　/　91

・新西蘭　/　91

・墨西哥　/　92

・智利　/　93

・韓國　/　94

・印尼　/　95

・越南　/　96

鮮鮑味鮮營養豐　/　97

急凍鮑魚留鮮味　/　100

罐頭湯鮑方便嘗　/　101

「鮑」你懂：南吉，南非也有吉品？　/　83

「鮑」你懂：北太平洋鮑魚傳說　/　90

學問篇

溏心：浪漫風暴 / 105

頭數：大小迷思 / 108

殲敵：驅蟲防霉 / 113

養生：中西觀點 / 114

口福：細味文化 / 117

「鮑」你懂：鹽霜多寡　無關優缺 / 112

「鮑」你懂：「新水」與「舊水」 / 119

第三章：慢工精研鮑美味

嚴選篇

裏到外：望聞觸全審查 / 122

大手買：先煮試食定斷 / 127

四等級：標致選異樣寶 / 129

善儲藏：活用日曬冰鎮 / 131

「鮑」你懂：買全套鮑魚 / 128

「鮑」你懂：鮑魚：是真是假 / 133

烹煮篇

奠基礎：浸發智慧竅門 / 134

清內臟：嘴巴去留取捨 / 137

工序考：巧手造心機菜 / 137

好煮意：宜與忌逐項數 / 146

「鮑」你懂：鹼發 vs 水發 / 136

「鮑」你懂：收汁的藝術 / 145

品味篇

解凍回鍋如點睛 / 148

佳釀名茶妙配搭 / 152

罐頭乾鮑顯食力 / 158

鮑魚菜譜展身手 / 162

‧ 富臨寶貝雞 / 163

‧ 網鮑蒸蛋白伴鱘龍魚子 / 166

‧ 鮑魚扣鵝掌 / 169

‧ 羅漢齋炒鮑粒 / 171

‧ 吉品鮑魚腸粉 / 174

「鮑」你懂：罐頭鮑，招紙藏乾坤 / 161

[附錄]

我的鮑魚情——訪富臨飯店行政總廚黃隆滔 / 176

香港鮑魚情——本地土產鮑魚二三事 / 182

第一章

文化底蘊與沿革

乾鮑，食客奉為珍品，享受其非凡口感。

在古代，鮑魚卻被人視為厭惡之物，

經歷了一個世紀，

怎樣華麗轉身變成矜貴之品？

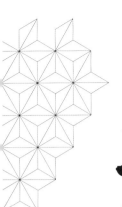

溯源篇

乾鮑，矜貴之物，誰不曉得，其美名歷千載而不減，居於南方的香港人亦早奉為上品。何妨來一趟「穿越」，看看一世紀前香江食肆中的一景。

1928 年 6 月 1 日《華字日報》「港聞」版載〈以雲腿代鮑魚〉短訊，話說叔侄二人與友好於石塘咀金陵酒家用膳，叔擬點鍾愛的鮑魚燜雞，侄即勸阻：「叔不聞乎，與惡人交如入鮑魚之肆」，着他另作他選。叔莫名侄兒何以重提鮑魚遠古之惡名，此間在席者皆謂：「鮑魚多為某國貨品」，叔始被點醒，另選雲腿燜雞。

此則都市即景寫在日本侵犯國境之時，惟敵邦之名只容書以「某國」，此短訊大有激勵民心之意。歷史早已過去，這一幕倒揭示鮑魚的不凡之身，不僅在其高昂價值，從文化層面觀察也一樣豐富。單單這一段消息，已見鮑魚作為跨國美饌，足以指涉國族情感，當中引用先秦典故「與惡人交如入鮑魚之肆」，與今人推崇鮑魚之意相背，教人好奇何以鮑魚會由先秦之賤價物變成今天的高檔貨？箇中有何迂迴歷程？

古代：鮑魚賤鰒魚貴

鮑魚，古代名鰒魚，鮑魚在當時則另有所指。西漢史學家劉向的《苑‧雜言》載孔子曰：「與善人居，如入蘭芷之室，久而不聞其香，則與之化矣；與惡人居，如入鮑魚之肆，久而不聞其臭。」此語警醒與惡人同流，如長期身處惡臭魚市，漸次合污，不覺其臭。此說揭示先秦時期，鮑魚泛指經醃製的魚，散發腐朽氣味，堆放起來惡臭難擋。當時鮑魚屬教人厭惡之物，歷多個朝代仍不脫此負面含義。

惡名化作美名，鮑魚華麗轉身實非一蹴而蹴。兩位台灣學者陳宣諭、陳清茂，先後發表關於鮑魚的學術論文，從詩詞、古籍尋索，考據鰒魚與鮑魚歷代的關係，怎樣由相異之物演進至混為一談。

陳宣諭於 2014 年第 37 期《高雄師大學報：人文與藝術類》發表的論文〈蘇軾《鰒魚行》之內容意蘊與章法結構探析〉，指出鮑魚一詞最早見於《周禮‧天官》，意指魚乾。而《大戴禮記‧曾子疾病第五十七》曰：「……與小人游，貸乎如入鮑魚之肆，久而不聞，則與之化矣。鮑者，糗乾之。」意謂鮑魚是帶臭味的鹹魚。《本草綱目》載：「鮑魚，釋名薧魚、蕭折魚、乾魚。鮑即今之乾魚也。」然而，因加工方法有別，鮑魚非必然乾身，《說文解字》曰：「鮑，饐魚也。」饐魚，指濕的臭鹹魚。

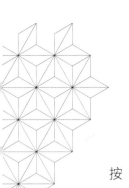

按《釋名‧釋飲食》曰：「鮑魚，鮑，腐也，埋藏奄使腐臭也。」鮑魚乃腐臭物，鮑魚之肆自是臭氣熏天。

綜觀上述記載，鮑魚在古代泛指散發臭氣的鹹魚，既有乾魚，也可以是濕貨。關於鮑魚散發腐臭氣的著名典故，得數《史記‧秦始皇本紀》所載，始皇於沙丘平台身亡，丞相李斯惟恐諸公子叛變，眼見「會暑上輻車臭乃詔從官，令車載一石鮑魚，以亂其臭，行從直道至咸陽發喪，太子胡亥襲位為二世皇帝，九月葬始皇。」李斯施計以鮑魚的腐臭氣味，掩蓋始皇的屍臭，蒙騙世人，擁立胡亥稱帝。

至於鰒魚，古籍記載皆解釋為一種帶殼的海產。《説文解字》曰：「鰒，海魚名。郭注三倉曰：『鰒似蛤，一偏着石。』」《本草綱目》載：「石決明，形長如小蚌而扁，外皮甚粗，細孔雜雜，內則光耀。……主治目障醫痛，青盲。久服，益精輕身，明目磨障。」這段解説指出鮑魚又稱石決明，因其殼內有一光彩內層，具決明千里之效。陳宣諭翻查清代的典籍，發現當時鰒魚、鮑魚已開始有混用之勢，譬如桂馥《札樸‧鄉里舊聞》曰：「登州以鮑魚為珍品，實即鰒魚。」徐珂《清稗類鈔》亦曰：「鰒，亦稱鮑魚，殼為橢圓狀……」他推斷清代之前，鮑魚仍指發臭的鹹魚，而非海產珍品。

※ 清代以前，鮑魚一詞指的是
發臭的魚，而非今天的高檔貨。
圖為日本鮑魚。

清朝：確立鮑魚名稱

鰒魚，清代以前已見於文學作品中，意思均指為海產，
何以在清代出現變化，鮑魚能卸下腐臭之身，變成與鰒
魚等同，甚至成為正式稱呼？

陳清茂發表於 2018 年第 24 期《海洋文化學刊》的論
文〈中國歷代鰒魚主題詩歌析論〉，就此演進作考證分
析，指出明代以前，鰒魚、鮑魚乃相異之物，不會混為
一談。及至明代，始有二者混用的零星記載，繼之清代，
混合通用的情況漸見增多。他認為兩者「在清代被普遍
謂用的主要原因在於聲韻相近。」

他依據聲韻學典籍所載，「鰒」、「鮑」二字的讀音截

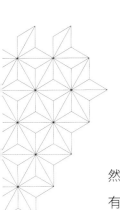

然有別，明代以前能明顯被區分，不會混淆。及至明代，有記載民眾偶爾把「鰒魚」讀作「鮑魚」，屬於誤讀，至清代情況轉劇。他引清代郝懿行《記海錯・鰒魚》所言：「蓋鮑、鰒聲轉，字隨音譌，俗人不知，遂書作鮑魚耳。」他解釋：「因古今語音的轉變，南北方音的影響，清代不少人將『鰒』讀為『鮑』，甚至將『鰒魚』寫成『鮑魚』。」

他續引清代金埴《巾箱說》中，關於方言音調的轉變來解釋誤讀、誤用漸趨普遍的原因：「鰒，音薄，入聲。北方入為平，故呼鰒魚為疱魚；而今南方亦相率呼為疱，則南方而北音矣！」簡言之，清代北方人以地方音來讀「鰒」字，循此音韻轉變，「鰒」被讀作「疱」或「鮑」。南方人繼而受影響，依照北方的音調來讀「鰒」，導致二字漸變互通，據清代郝懿行《曝書堂筆錄》所言：「鰒魚也通作鮑魚，文字假借，古人弗禁也。」意指字形出現借用，字義也隨之變化。

另一學者陳宣諭也認為「鰒」、「鮑」兩字混合應用始於清代。他考查眾多古籍，發現宋代詩人的作品談及鮑魚，仍指為發臭的鹹魚，惟獨找到一「特例」，就是南宋曹勛〈和錢處和扇車〉一詩，內有「良工巧製鮑魚形，短架圓機扇比名」，所指的鮑魚形，意指鰒魚，是該段時期僅有的例子。

歷朝：文人禮讚鮑魚

宋代蘇軾的詩作〈鰒魚行〉從宏觀角度遊走古今，細描鰒魚的多個面向。全詩三十六句，二百五十五字，列舉有關鰒魚的典故、特性、分佈、採捕危情，並禮讚其美味、能治眼疾，獲奉為奇珍，他卻無意藉此珍寶攀附權貴，反樂於與民共享，展其剛正風骨。

詩起首列舉史上酷愛鰒魚之士，包括自立新朝的王莽、三國時期的曹操，指「兩雄一律盜漢家，嗜好亦若肩相差。」緊接道出南北朝時期的劉邕，有嗜吃人體瘡痂的怪癖，只因瘡痂味似鰒魚，對鰒之愛陷入病態。跟着把中古時期中國鰒魚的產地、製作、採捕等細節勾出概略全圖。

產地方面，「君不聞蓬萊閣下駝碁島」一句指出當時主要產於現今山東煙台蓬萊區的砣磯島，約在山東半島登州、萊州沿海地區。隨後「舶船跋浪黿鼉震，長鑱鎈處崖谷倒」兩句，刻畫採鮑漁民於風季仍乘船出海，衝破驚濤駭浪，拿起鐵鑱在海岸崖谷採捕鮑魚。漁民冒生命危險採鮑，惟採量有限，加上只出產於較北的水域，所以自古以來鮑魚都那樣珍貴。

當時也有入口貨，詩句「東隨海舶號倭螺，異方珍寶來更多」，揭示宋代與日本的貿易往來，從日本運進的「倭

螺」，就是鮑魚。今天，日本乾鮑被視作極品，深得華人喜愛，淵源始自中古。上述兩位學者根據《太平御覽》引《魏志》的記載，指出當時日本人捕捉鮑魚的方法相當進取，不管水深或淺，皆潛入水中採捕，有相當難度，收穫亦不少，更顯鮑魚矜貴。

關於鰒魚的美味，蘇軾大加讚賞：「膳夫善治薦華堂，坐令雕俎生輝光。肉芝石耳不足數，醋芼魚皮真倚牆。」意指鮑魚經帝王家的名廚巧製，成尊貴美食及上等祭禮，其他所謂珍饈皆無法比擬。緊接的「中都貴人珍此味，糟浥油藏能遠致。割肥方厭萬錢廚，決眥可醒千日醉。」指京師顯貴愛鮑魚，把鮑魚經酒糟醃漬，可運到遠方，並藉典故誇讚鰒魚具有解千日酒醉之奇效。以酒糟醃漬處理外，當時也有乾製。宋代寇宗奭《本草衍義》云：「石決明……人采肉以供饌，及乾致都下，北人遂為珍味」，指出當時人把鮑魚經加工乾製，視為珍品。明代屠本畯《閩中海錯疏》則指：「石決明……即名鰒魚，溫人醃用，登人淡晒乾串，入京饋遺。」意指登州人把鮑魚作「淡曬」成「乾串」，一種天然曬乾的手法。

蘇軾詩的最末四句：「吾生東歸收一斛，苞苴未肯鑽華屋。分送羹材作眼明，却取細書防老讀。」蘇軾剖白無意以此珍品攀附權貴，反而把它包裹好，致送他人保養眼目，也自用來養生明目，晚年仍可繼續讀書。

※蘇軾〈鰒魚行〉（節錄）

「膳夫善治薦華堂，
坐令雕俎生輝光。
肉芝石耳不足數，
醋芼魚皮真倚牆。」

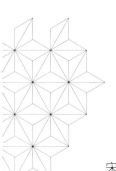

宋代以還，不乏文士賦文禮讚鰒魚之美，陳清茂論文列舉若干。譬如宋神宗熙寧年間孔平仲撰〈食鰒〉，讚賞其滋味：「被之以火光，何幸掛齒牙。一舉連十頭，不復錄魚蝦。」意指嘗過以火炙烹調的鰒魚後，對其他海鮮皆不為所動。金代劉迎的七言古詩〈鰒魚〉，歌頌產於嶗山的鰒魚，提到「色新欲透瑪瑙盌，味勝可挹葡萄醅。飲客醉頰浮春紅，金盤旋覺放箸空。」誇讚鰒魚之美，「色」透瑪瑙，「味」勝佳釀，給座上食客轉瞬吃光；緊接再誇「平生浪說江瑤柱，大嚼從今不論數」，意指吃過鮑魚，美名早傳的江瑤柱頓見失色。清代朱彝尊的〈李檢討澄中惠鮮鰒魚賦詩〉，源於收到李澄中惠贈的鰒魚而寫，提到「于焉出新意，滓汁藉糟灌。雜雜筥筐排，一一桂火煅。雖殊馬甲脆，足勝羊胃爛。」意指鮑魚烹調可注入新意，如沾上酒糟，加以煅燒，魚汁與酒糟融合，更顯味美，口感介乎甘脆與靡爛之間。

當代鮑魚食客，品味之餘，大可再探鮑魚美饌逾千載的文化因緣，為食事添厚度，增深度。

「鮑」你懂

鮑魚家族科學宏觀

本書放眼鮑魚的不同面向，不能缺科學角度。鮑魚是鮑科（Haliotidae）家族唯一的屬，乃草食性海螺，為腹足綱軟體動物。一隻鮑魚的重量，三分一來自鮑身肌肉，三分一屬於內臟，餘下就是貝殼的重量。

鮑魚身體包括頭、內臟與腹足。頭有觸角、眼睛及嘴。嘴內長齒舌，為軟體動物獨有的構造，能把從海床吸食的海藻銼開，送進食道。鮑身負有貝殼，殼體呈螺旋狀。下方有肥厚的腹足，可爬行及吸附於岩石上。下沿外圍有一連串小孔，作為連接鰓的呼吸孔道，也是雌性排出卵子、雄性發放精子的管道。貝殼內層由無機混合物珍珠母（nacre）構成，能折射出多樣化的色彩轉變，美若彩虹，故被用作飾物的原料或裝飾物料。中國人則把鮑魚殼入藥，稱石決明，有疏通復明之意，具清肝明目作用。

鮑魚的品種未有定論，時有調整，獲確認的由 30 至 130 種不等。根據世界海洋物種名錄（WoRMS, the World Register of Marine Species）的數據庫，結合若干新增品種，現獲確認的品種共 57 個，大部分尚未列入受保護名錄，但近年的調查評估，普遍發現鮑魚的數量持續下降，需要全球密切關注及保護。

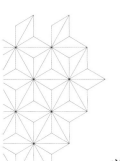

當代：王亭之論鮑魚

踏進富臨飯店的貴賓廳，「阿一鮑魚，天下第一」的題字映入眼簾。此乃文化名人王亭之的墨寶，題於上世紀八十年代中，嘉許孜孜不倦專注炮製鮑魚菜式的一哥楊貫一。

如此八字，鏗鏘有力，意蘊無盡，既見證王氏與當時飯店主帥一哥的深厚交情，亦透視他與飯店的悠長往還，以至和現時執行董事邱威廉的師徒情誼。

※ 王亭之、一哥及黃隆滔在富臨飯店合照。

王亭之於上世紀活躍於本港文化界。七十年代已發表文章，更在多份報刊設專欄撰文，寫作題材廣泛，包括飲食，部分亦觸及富臨飯店、一哥，以及「阿一鮑魚」誕生的前因後果，生動有趣，可堪回味。以下數篇摘自《王亭之飲食正經》（萬里機構出版，2023年），節錄再刊，重溫往昔，印證今天。

打響阿一招牌（節錄）

阿一經營富臨，就在敍香園隔壁。王亭之總不能每餐吃敍香園，有時順腳就溜入富臨，目的是換口味。論賣座，當時富臨自然不能與敍香園相比，故阿一有時走來求教。王亭之既感其誠，於是為之「度橋」矣。

如果王亭之教阿一燴小菜，那就等於富臨跟敍香園硬碰，此舉非常不智；因此建議不如走另一條路線，專賣靚上湯、靚鮑魚。

……

阿一如教，首先用足心機及材料煲上湯。那時候，王亭之最喜歡吃他們的高湯河粉，加三兩條火腿絲，三兩條菜薳。因為王亭之窮，進食後又一定不肯不給錢，要試上湯，總不能日日食魚翅，食高湯河粉蓋乃慳荷包之道耳。

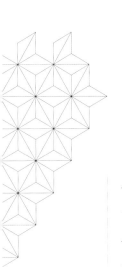

然而專注上湯，卻亦因為阿一不似西南擅長扣燉，孤掌難鳴。王亭之靈機一觸，想起昔年王公館烹調的鮑魚，食者皆留口碑，囑阿一用足心機專攻此味。其時潘懷偉四哥亦在座，甚以為然，認為一種專長可以打響一家店子的招牌，阿一聞言，果肯如教矣。

經過半年，潘老四、韋十官（基舜）與王亭之，三人輪流做東，每週付款食鮑魚一頓，終於食到滿意；再食三個月，水準可以保持；有一日，潘老四提議王亭之寫幾個字，鼓勵一下阿一，王亭之一時高興，寫了八個字：「阿一鮑魚，天下第一」。

王亭之指點「玻璃芡」（節錄）

一九八五年，王亭之的最大收穫，是在親自督促之下，逼阿一炮製出「阿一鮑魚」，食者未有不讚好者，阿一得救，王亭之為之開心。

王亭之有一些飲食方面的心得，但無法發揮，事關王亭婆天生不擅烹飪，而王亭之則連拿菜刀也不懂，英雄無用武之地也。

所以港澳兩地，王亭之均要找大廚，在澳門找得一間，在香港則找得阿一那一間。

……

王亭之有心再助阿一一臂，所以日前又再在鮑魚上用心思，交換條件，是他必須出品幾個好小菜，基礎若好，王亭之便能有所發揮矣。

王亭之建議，鮑魚其實可用「玻璃芡」，代替目前的「蠔油芡」，蠔油難買至一級貨色，亦未見優異，此事關於製作條件，無法改進。因此「芡頭」往往影響了鮑魚的鮮味。

用「玻璃芡」，則是用高湯打芡，透明澄淨，芡身如玻璃透明，如是則可保持鮑魚的原味也。阿一聞言，馬上入廚親自製作，王亭之與友人同試，認為可謂初步成功，若芡身乾一點，甚至完全不用漿粉，應該會更好。

一物之微，要講究，要花不少心思，所以連「芡頭」都不可人云亦云。

阿一傳藝鮑魚秘笈（節錄）

回顧乙丑年的最大收穫，王亭之覺得，在於催生了阿一鮑魚。王亭之可以自豪，若無王亭之督促及品評，一定沒有阿一鮑魚這回事。

有人以為阿一鮑魚「發揚中國飲食文化」，未免題目太大，此不過老饕之作耳，老饕重口腹之慾，「文化」

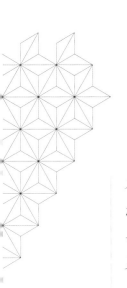

尤是其次。阿一鮑魚的貢獻，實際一點，不在於發揚飲食文化，而在替香港造成一股聲勢，在南洋一帶，甚至在台灣，老饕皆耳其名，至於曾上北京揚名，則更成為新聞矣。

年初十，王亭之與阿一見面，阿一出示「釣魚台國賓館主事人」來函一件，內云：「曾品嘗楊先生特製鮑魚，可謂三生有幸。先生手藝高超，名揚四方。若能在百忙中抽空來釣魚台國賓館賜教，吾等將不勝感激。」

據悉，此主人乃一司級幹部，來頭不小也。

此「國賓館」乃招待國際猛人之地，不少總統級人馬曾以此作為居停，若阿一能傳藝與該館廚師，則可謂揚名國際矣。

阿一上京製鮑魚 (節錄)

王亭之當日題：「阿一鮑魚，天下第一」八字給阿一，許多人為之不服。

飲食業中云：「嗟，你以為王亭之話好就得者耶！」那些「千幾元人工萬幾元伙食」的大佬，更肆口放狂言，謂阿一鮑魚靠大煲水來煲，蓋乃有唇無舌之言也。

無奈王亭之金字招牌，兼且飲食必付賬，絕不會「吃人的口軟」，將劣質推銷給讀者，害人的荷包；所以「阿一鮑魚」終於實至名歸，既揚威於新加坡，現在又居然到北京的人民大會堂，那些凡王亭之讚好就出來彈的鼠輩，不知藏於何處。

你以為王亭之可以輕易為一食物菜餚讚好耶？阿一當初炮製鮑魚，給王亭之罵過許多次，由於王亭之一面罵一面付賬，阿一才肯心服，加以改進，終於吃到王亭之點頭，而且認為他的水準穩定，然後才肯寫八個字鼓勵他。

王亭之替富臨寫菜單（節錄）

當年王亭之依家廚製法，教富臨阿一炮製鮑魚，試製成功之後，立刻大賣，並招來一位常客——二叔爵士鄧肇堅；他每週至少來富臨幫襯一次，有時每週兩、三次，席設二樓貴賓房，照例要王亭之同席，一邊吃一邊講天南地北、古今中外的事，但吃久了，他也有怨言，主要有三點：一、扒鮑魚的芡，變化不多；二、永遠是吃翅，每週吃兩、三次便吃到膩；三、單尾的甜品永遠是椰汁燕窩，同樣吃到厭。阿一因此請王亭之設法改良，這樣有了二叔爵士湯應世。

這個湯是先父紹如公喜歡飲的湯，當時廣州很難買到

新疆哈密瓜，於哈密瓜當造時，先父命家廚製作此湯宴客，食者無不稱讚。果然，二叔爵士嘗過此湯之後，認為此湯比魚翅還要好味，而且用料相當名貴。

至於煨鮑魚的鮑汁，王亭之曾出過主意讓阿一試製，鄧二叔頗為喜歡，玻油皇乾煎鮑魚，不過這製法很難推廣；因為很難製作，火候不易掌握，同時看起來不夠名貴。他款鮑汁，王亭叫阿一隨意製作，讓二叔選評，唯一的要點，只是禁用蠔油，除非買到合勝隆的真正鮮蠔油。

⋯⋯

今年（二○一八年）王亭之過生日，富臨飯店的邱威廉攜製作好的鮑魚三十餘隻來賀壽，小孫嘉銘亦來賀壽，他已多年不吃富臨鮑魚，王亭婆於是將這些鮑魚切片給他當口果，邱威廉見祖孫二代歡心，於是乘機勒詐，要王亭之寫兩張菜單，說要拿回香港試製，鮑魚既已吃過，菜單當然不得不寫。

菜單寫成，同時將製作秘訣錄音，並指出一些常犯的錯誤，現在只舉一例，王亭之的 XO 醬，絕對不是「XO 辣椒醬」⋯⋯

現在富臨飯店亦出 XO 醬，大致上依據王亭之去年到香港時，在富臨吃飯，邊吃邊講的口述，但未十分符

合本意；所以現在重新介紹一次，並指出要點，希望富臨飯店能製出王亭之家傳的原味 *XO* 醬。此醬在王亭之家傳中名為「阿太麵撈」，是庶祖母盧太君（阿太）的製作。

新派粵菜，泛濫成災 之三（節錄）

……鮑魚烹調艱難，若將古今調治之法比對，然後便可知道創新的正確意念。

唐以前，食鮑魚之法不知，唐代唯食鮮鮑，片成薄片，生食，日本人的「鮑魚刺身」，即是學足唐法……

唐人重生食，尤喜吃魚生，唐詩云：「侍女金盤鱠鯉魚」，鱠也者，即是切成薄片的魚生，論刀法與食法，日人的「沙斯美」（sashimi，魚生刺身）不過婢學夫人耳。……

唐人既食魚生，自然連鮑魚亦生食。可是到了宋代，鮑魚便有熟食之法，他們將鮮鮑切片來燒，未識「扣」之法也。故宋人食制，便有「燒鰒魚」的紀錄，鰒魚即是鮑魚。燒之外，亦用以製羹，則稱「石決明羹」，因為鮑魚殼在中藥本草上的學名，為石決明。

這種烹調鮑魚的方法，到了清乾隆年間才開始改良。《隨園食單》載鰒魚的烹調二法，依然一為鮑魚片豆

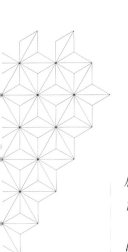

腐羹，一為鴨扣全鮑。然而袁子才卻認為鰒魚性堅，可見其時尚始終無法將鮑魚扣軟。

由清中葉起，廚人卻已識扣鮑魚之法，而且可以用來對付乾鮑矣。蓋前人不識鮑魚之特性，原來鮑魚忌鹹，扣時稍有鹹味，即愈扣愈硬如鐵石，即使加幾片火腿，一樣會變硬。但鮑魚若見膠質及油質，卻會起「膠體化學」上的滲透作用，鮑身變軟，而且溏心。

昔年王亭之家廚，用半肥瘦豬肉連皮墊着鮑魚來扣，不落任何調味，即是利用豬皮的膠質，以及肥豬油的油質耳。扣時鮑魚自然會出汁，但不多，故可再用此鮑魚汁連同扣出來的膠質埋芡，甚為原汁原味。

※ 王亭之（左）與福田實業（集團）有限公司創辦人夏松芳先生（右）
到富臨飯店飯聚，與一哥言談甚歡。

興盛篇

上世紀初，中國戰亂頻仍，香港亦不能倖免。戰後重光，隨着經濟逐漸恢復，從四十年代末報章的商品價格行情報道，已見乾鮑、罐頭鮑蹤影。縱然百廢待興，市道疲弱，鮑魚仍有價有市，像 1948 年 12 月 26 日《華僑日報》報道港府宣佈禁止「奢侈品」入口，罐頭食品因來貨疏而價格堅挺，當中「車輪罐頭鮑魚，四打裝每箱由120 元漲至 124 元」。

戰後乾鮑行情知多點

跨進五十年代，鮑魚銷情轉暢旺，雖然受來貨多寡、零售市道好壞而有升降，稱為「穩步上揚」實不為過。1951 年 10 月有報道指出：「海產市場中，鮑魚豔壓同儕，一時無兩。」翻查五十至九十年代《華僑日報》的商品行情，目睹鮑魚身價的上游軌跡，以下在每一個十年抽選數天窺探一二；主要介紹日本吉品（當時稱「吉濱」）、窩麻（當時稱「禾麻」或「倭麻」）及網鮑，以每擔計算：

年份	體積	價格（元）
1957 年 1 月	十頭吉品	3,150
	三十頭吉品	2,520 至 2,550
	卅五頭吉品	2,390 至 2,420
	五十頭吉品	1,830
1960 年 7 月	十二頭吉品	3,330
	廿五頭吉品	2,500
	三十頭吉品	2,190
	六十頭吉品	1,770
1965 年 9 月	十三頭吉品	4,800
	十四頭吉品	4,700
	十六頭吉品	4,600
1968 年 12 月	十六頭吉品	8,080
	十九頭吉品	7,760 及 8,030
	卅二頭吉品	5,760
1973 年 4 月	七頭中色網鮑	40,000
	五十頭禾麻	21,000
	五十六頭禾麻	20,300

經過 1973 年股災，及至 1974 年經濟依然低迷。這年 11 月 5 日的報道謂：「海味售價偏低，原因之一乃市民消費力弱，對上價海味銷情影響很大。」同時指出日本乾鮑「今年來量約減二至三成，平均售價仍然每斤約下跌七、八十元。最暢銷的四十頭吉品鮑每斤售 140 元至 160 元。上價網鮑價格則在 700 元至 800 元之間。」折算下來，即四十頭吉品每擔約 15,000 元，較數年前已增升不少。來到七、八十年代之交，鮑魚價格續攀升。

年份	體積	價格（元）
1979 年 3 月	三十頭吉品	44,000
	四十五頭吉品	41,000
1983 年 11 月	六頭半網鮑	123,000
	二十頭 A 級窩麻	95,000
	三十頭 A 級窩麻	90,000
	卅五頭 A 級窩麻	88,000
1986 年 2 月	十四頭大間窩麻	270,000
	十七頭大間窩麻	250,000
	二十頭大間窩麻	240,000
	十五頭吉品	175,000

可見進入八十年代中，鮑魚價格每擔已升至六位數字，同時，小頭數鮑魚愈見珍稀。1988 年 11 月 24 日《大公報》報道謂：「最近兩個月內各類乾鮑價格均上漲一倍以上」，續指乾鮑「最上等的為網鮑，其次為禾麻，再次則為吉品，而價格方面⋯⋯雙頭的珍品，由於來貨稀少，已經是有價也買不到的珍品，至於現時最高級的三頭、四頭鮑魚，也已是甚為罕有的珍品，要搜購也不大容易，而且一斤的暗盤價最低也達七、八千元。」折算以每擔計，已朝百萬關口邁進。

1990 年 3 月的報道列出：「十一頭吉品每擔 620,000 元、十七頭半 497,000 元、二十頭半 438,000 元、廿六頭 320,000 元、廿九頭半 335,000 元。」1991 年 4 月 6 日報道指出「鮑魚由於日本產品價格奇昂，中東鮑魚銷量增加，價再回升，十五頭每擔 198,000 元，廿六頭 168,000 元，卅五頭 155,000 元、四十五頭 141,000 元、五十五頭 122,000 元、八十頭 100,800 元。」

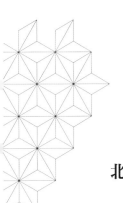

北韓菲島乾鮑曾應市

上述淺述乾鮑的概略行情，相關報道亦提及罐頭鮑魚的銷情也與日俱增。畢竟港人的生活水平持續提升，縱未能進食極品級，但退而求其次，仍要品嘗海珍。

海味雜貨業界老行尊、有「鮑魚盧」稱號的盧德光，於五十年代末投身業界，開始營銷罐頭鮑。1990 年 8 月 17 日，他在香港西區扶輪社的午餐例會以鮑魚為題演講，談到「近年以來，日本產鮑魚身價大漲，八至十頭網鮑，每斤六千元，已非一般大圍酒席所用，只是富有家庭及一流酒家過萬元酒席方使用，一般二三千元酒席，多改用紐西蘭及澳洲產鮮鮑與罐頭鮑，將貨就價。」他續分享營商經驗：「三十年來，經銷紐西蘭鮑，由五百箱增至每年二萬五千箱，因為價錢較廉，適合酒樓宴會用途及一般家庭採用，銷路日增。」

聊聊數語，勾勒出上世紀下半葉，香港鮑魚市場包含各類型客群。因此，除頂級貨，市場同時提供各地的乾鮑供選擇（詳見第二章「點將篇」）。翻查昔日報章的商品行情，也見乾鮑來源地轉變，1974 年 11 月的報道提及來自菲律賓的「下價鮑」，每斤售五、六十元；1979 年 2 月 21 日的報道指出：「菲律賓產品，價格低廉，雖然品質大不相同，但沽出較多，中大蘇洛鮑每擔 5,500 元，中隻蘇洛鮑每擔 4,300 至 4,400 元，小隻

蘇洛鮑每擔 2,800 元。」另外，1988 年 2 月 7 日的報道更提及「北韓產品隻頭較細而又參差，每擔 41,000 元及 33,000 元。」

粵菜演變與嘗鮑興起

鮑參翅肚，美名早傳，遠古暫且不論，就説清代。據清末李斗撰《揚州畫舫錄》載「滿漢席」菜單，提到：「第一分頭號五簋碗十件：燕窩雞絲湯、海參彙豬筋、鮮蟶蘿蔔絲羹、海帶豬肚絲羹、鮑魚彙珍珠菜、淡菜蝦子湯、魚翅螃蟹羹……魚肚煨火腿、鯊魚皮雞汁羹」，鮑參翅肚齊集，另有熊掌、猩唇、駝峰等珍稀食材。「簋」，古代的祭祠器皿，粵語謂「九大簋」。另外，有指「崑崙鮑甫」乃滿漢筵席中的菜式，以龍薑皮、鮑魚製作，惟論者有異議，指實為上世紀中葉在港流行的粵菜。那管説法有異，卻無損鮑魚的矜貴地位。

若上述説法屬實，換個角度看，反映本地粵菜創意不凡，選材獨到，有足夠分量躋身宮廷菜。香港地處中國南方，華人飲食以粵菜為主體。粵菜，大部分本地讀者都熟悉，亦品嘗過，像生炒排骨、菜薳牛肉、梅菜扣肉、咕嚕肉、大良野雞卷、金錢蟹盒……親切的菜名，糅合傳統吃的智慧，溢滿家的風味，那管歲月如流，它們依舊坐鎮中菜館，粗製，精研，各適其適。

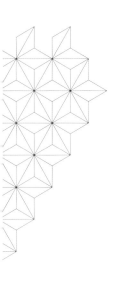

論粵菜特點，富臨飯店行政總廚黃隆滔扼要道：「粵菜有傳統，但沒有正宗。意思是它不斷改變。」像上述菜式延存千載，主旨不變，卻衍生各種新意：「像菜薳牛肉，現在可以選用和牛製作。」基於這特質，他認為粵菜是研習廚藝的最佳途徑，放諸香港以至世界各地皆然：「粵菜本身個性不強，故致力融合百家菜之長，力求多元化，可說在八大菜系中，最能擷取各菜系的精華。」香港作為南中國海的商埠，華洋雜處，過去一世紀持續對外開放，中外飲食文化交匯，粵菜持續蛻變改良。他續指出：「曾聽前輩說：『食在廣州，味在香港』。香港能盡收不同菜系的特色，兼容並包，令本地的粵菜展現多元化特色。」

五十年代粵菜奪國際獎

過去一世紀多，香港憑國際商埠的地利，加上業界仝人努力，推動粵菜發展，維護傳統的同時，引進變化，更走向國際。1954 年 5 月，在瑞士伯恩（Bern）舉行名為「HOSPES」國際烹飪比賽，香港也有參與。6 月 12 日《德臣西報》（*The China Mail*）頭版報道香港上海大酒店有限公司（Hong Kong and Shanghai Hotels Ltd.）安排了兩道粵菜「紅燒翅」、「咕嚕肉」出賽，以全套名貴的中國瓷器餐具展示，由食品到食具均獲評判讚賞，以高分勇奪兩項金牌。當時僅半島酒店經理 Leo Gaddi 親臨賽場，參賽菜式預先在香港製作，然後入罐空運到當地，再開罐翻熱向評判展示，負責預備菜式的廚師 Max Moosmann 及華人 Tsui Tim 也獲得大會嘉許。

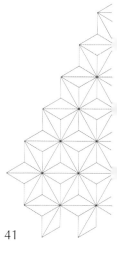

※《德臣西報》（*The China Mail*）報道「HOSPES」國際烹飪比賽，香港上海大酒店有限公司獲取兩項金牌。

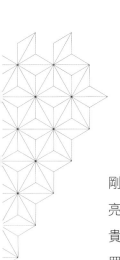

剛好是七十年前，香港的中菜已在國際比試中奪魁閃亮。無論賽事中亮相的魚翅，抑或本書的焦點鮑魚，名貴食材在傳統粵菜始終屬要角。隨着香港經濟起飛，大眾生活水平提升，就以鮑魚論，在香港的飲食時尚愈見重要。

前文提到《華僑日報》的商品行情報道，亦提到消費環境，像 1985 年 9 月 13 日的報道載：「日本窩麻鮑，供應少而價位高，但適合豪客享用，中秋節前沽出轉多。十五頭每擔 195,000 元、二十頭 189,000 元⋯⋯」顯見樂意花的客人不少。1989 年夏，社會氣氛受政治波動影響，9 月 25 日該報「飲食專題」的文章卻寫下：「時局並不影響港人尋求美食的心情」，續指「以前，鮑參翅肚是達官貴人的專利品⋯⋯現今，口袋充裕，上酒樓或自己烹調，隨時可大快朵頤。因此，海味價錢亦因供求關係而不斷上漲。」文末羅列：「乾鮑產量日見短缺，價格年年大漲，現時網鮑六至七頭每斤逾 8,000 元；吉品十五頭 6,000 元以上、三十頭 3,000 元；禾麻廿五頭 6,700 元、四十頭 4,500 元，非等閒之輩所能消費；罐頭鮑亦水漲船高」，所謂「非等閒之輩」的消費群明顯存在。

黃隆滔在富臨任職逾三十年，隨「一哥」楊貫一研習炮製鮑魚菜式，見證客人對美食的追求：「八、九十年代金股齊鳴，香港經濟繁盛，富臨所在的那段駱克道，接

連幾家知名食肆，客人都花得起。我們飯店，每枱客都點鮑魚，甚至一人一隻八頭鮑，每天賣出百多隻鮑魚。」他指出，粵菜自七十年代朝兩方面發展：其一，在用料、炮製上講究健康飲食原則；其二，回應客人對品味的要求，菜式愈見精美貴氣：「要吃得刁鑽，追求貴氣美食，鮑參翅肚在粵菜是頂級食材，每家店各展奇謀製作鮑魚等貴價菜。」風氣帶動下，品嘗鮑魚明顯較過去普及，當然，不同來源地的乾鮑，食味、質素，高下有別。

※香港經濟起飛，百業興旺，當時的富臨飯店坐落駱克道，旁邊有不少知名食府，如敘香園、醉月軒等，食客絡繹不絕。

鮑魚獲港人鍾愛的同時，也見證香港的重要時刻。
1984 年 12 月 19 日，中英兩國在北京正式簽署關於香
港問題的聯合聲明，同夜舉行的國宴，菜單如下：

· **大冷盤**

· **西湖蒓菜鴿蛋湯**

· **笋尖、鮮菰燴鮑魚**

· **紅燒牛肉雞肉雙拼**

· **濃汁大白菜**

· **蝦球瑤柱**

· **蘋果燴蟹肉**

· **甜品及水果**

鮑參翅肚，獨鮑魚在主菜中以要角姿態亮相。如此一景，
不期然想起一哥楊貫一為國家領導人獻藝的往跡，寫下
鮑魚美饌的傳奇印記。

「鮑」你懂

※ 大連鮑

鮑魚，各有名號

和鮑魚交往，如與老朋友共處，總有暱稱，要認識，弄清楚：

鮮鮑：就是新鮮鮑魚，譬如在菜市場連殼出售的活鮑。

乾鮑：新鮮鮑魚經過照曬等製作工序，成為乾鮑，經過一段時間陳化，味道更香濃，口感更佳，乃鮑中珍品，也是本書的探討焦點。

湯鮑：把未經曬乾處理的鮑魚入罐，行內人稱為罐頭湯鮑，又稱湯鮑，因為罐內注入了上湯或鹽水。

罐頭鮑魚也被稱為**罐鮑**，市面發售的多以鮮鮑製造。罐頭鮑魚實惠普及，歷久不衰，目前市場上的選擇眾多，價格高下不一，滿足不同消費者需要，購買時要細讀標籤説明，以免選錯。部分罐頭稱為「珍珠鮑魚」，內藏的依然是鮑魚，惟相當細小，成分仍標示為「Abalone」。然而，部分產品稱為「鮑貝」，則不是鮑魚，英文多標為「Calms」，即蛤蜊，也是軟體動物，屬雙殼綱，與鮑魚不同。另外也有稱為「珍珠小鮑」，英文標示為「Limpets」，稱為「帽貝」，也有人稱為「將軍帽」，雖也是腹足綱軟體動物，卻非鮑螺科，並不是鮑魚。

現時，富臨飯店推出罐頭紅燒乾鮑，這是劃時代、破天荒的產品，以乾鮑炮製後放入罐頭，食家只需用 30 分鐘滾水加熱，即可享用本應以三至四天炮製的乾鮑，是現代化品嘗乾鮑珍品發展的一大步。

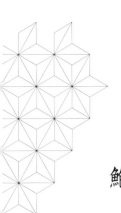

鮑魚真經典繼往開來

1985 至 1986 年，「阿一鮑魚」在華人飲食界，以至北京政要圈子，儼若一顆明星，亮光來自「一哥」楊貫一傾情做菜的專業身影。

1985 年 8 月，一哥應邀前赴新加坡出席「香港十大名廚宴」，以「蠔皇麻鮑」亮相，菜式深受食客擁戴，獲媒體廣泛報道，「阿一鮑魚」在境外揚名的旅程由是展開。隨後，前來富臨飯店品嘗「阿一鮑魚」的政商界名人絡繹不絕，即使國家政協及文化部人士也是座上客。不久，一哥收到北京來函，邀請他遠赴首都獻藝。

這年冬季，一哥踏足北京，為人民大會堂的宴席賓客製作鮑魚菜式，與會者對菜式紛予好評，「阿一鮑魚」的美名在首都政圈流轉。翌年，他應釣魚台國賓館邀請，攜同鮑魚應約赴會，通宵達旦的投入做菜。在此招待政要的場地，列席的俱為政商文化界名人，如此非凡宴席，他親手製作的鮑魚菜式再次綻亮。隨後包玉剛爵士在該處設宴招待鄧小平，一哥再獻上其傑作，據知鄧小平品嘗過後表示：「正因為中國改革開放，才有今天的鮑魚好吃。」領導人的話，給「阿一鮑魚」再添榮譽。

鮑魚向被華人奉為珍品，隨着政商顯要，甚至國家領導品嘗過、讚許過，「阿一鮑魚」的身價更顯，一哥繼續

把鮑魚菜式推廣至海外，包括美、加等地，與海內外同業、品味者交流。他精湛的廚藝、專業的態度，獲各地餐飲專業團體，以至官方機構肯定，紛授予獎項，包括1995年獲法國廚藝大師最高榮譽白金獎、2000年獲頒世界御廚藍帶四星獎、2006年獲頒世界傑出華人獎及2007年獲香港特別行政區政府頒授銅紫荊星章等。

一哥於1948年由家鄉來港謀生，在飲食業界力爭上游。1974年4月7日，他創辦的富臨飯店開幕，惟經營上迭起波瀾，飯店於1977年重組，他堅守崗位，親力親為兼顧裏外，於店堂摯誠款客，在廚房監控食物質素。營商難免有起落，他迎難而上，覷準香港經濟起飛，遂在高價食材中選上鮑魚，開發有自家風格的菜式。

他孜孜不倦埋首鑽研，虛心聆聽各方指導，包括文化界名人王亭之，終煮出驚喜，獲王氏贈以「阿一鮑魚，天下第一」提字。一哥又隨梁伍少梅研習煮鮑魚，屢敗屢試，總結出以炭爐、砂鍋煲煮鮑魚的訣竅，為個人簽名式鮑魚菜打開新境界。一哥鍥而不捨的求進態度，也透視富臨飯店榮獲米芝蓮星級榮譽的原由。

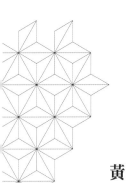

黃隆滔：承師教　傳經典

宏觀來看，一哥推廣鮑魚菜式含有兩個面向：其一是橫向的，把鮑魚菜式介紹到境內外不同地區，讓各地食客領略傳統中菜之美；另一是縱向的，把製作鮑魚菜式的技巧傳承延續。一哥沒有心藏秘技的狹隘思想，只要是有心學習的，他都樂於指導。當中最為親近的，毫無疑問是富臨飯店行政總廚黃隆滔。

阿滔於 1992 年加入富臨，由低做起，及後有機緣隨一哥學習，師徒倆並肩前往各地示範鮑魚菜式，阿滔擔起助手重責，從旁學習，師徒情誼日積月累，阿滔憶念難忘：「大家一起闖南走北，緊密接觸，一哥看到他給我的任務都處理妥當，對我的信任增加了，才把重任交託我。」他獲一哥親授「阿一鮑魚唯一傳承人」的題字。

※ 黃隆滔獲師父一哥主動授予題字——「真命天子阿滔鮑魚」。

48

※ 應香港旅遊發展局之邀，阿滔及富臨飯店執行董事邱威廉與世界各地名廚交流，期望在烹調構思上突破自己。

阿滔從師父的身教獲益良多，特別是目睹他對烹調鮑魚力臻完美的意志。由早期選用多樣化的提鮮材料，到後期返樸歸真，銳意突出鮑魚的原味原形，千錘百鍊所得到的味道，已達極致，阿滔稱為富臨的經典口味：「這個鮑魚口味，我不會將它改變，它已經是完美的。」

承師教之餘，阿滔在「傳」這一環務實前進，心懷宏願：「想超越師父！」他補充：「廚藝上，師父是全科，我不敢輕言在鮑魚烹調上超越他，只希望在菜式構思、炮

製上突破自己。」説得出亦做得到，這些年間，他潛心鑽研鮑魚菜式及創新粵菜，屢代表富臨飯店參與聯乘宴席，積極投入業界活動，與知名廚師同場獻藝，他又亮相電視節目《香港原味道》，訴説「紅燒乾鮑」的故事。

阿滔的推廣之旅更延伸至境外，即使英語對話非個人強項，仍用心的與各地名廚交流，自信滿滿的獻上鮑魚菜式。較近期的一次旅程，是 2024 年 4 月遠赴花都，出席「巴黎 100」中法羽毛球慈善盛典的慈善晚宴，呈獻一道「富臨鮑魚扣花菇」配法包。為圓滿跨國美食之旅，他須與時間競賽，把製作工序繁複的鮑魚預早準備

※邱威廉與阿滔亮相電視節目，介紹香港自家品牌創作的「紅燒乾鮑」，細訴鮑魚的故事。

※2024 年 4 月，阿滔與邱威廉同赴巴黎出席中法羽毛球慈善盛典的慈善晚宴，以鮑魚美食連繫兩國。

※ 同場巧遇中國前羽毛球手林丹，惺惺相惜。

※ 阿滔以「富臨鮑魚扣花菇」配搭法包奉客，精緻中見巧思。

妥當，抵埗後，又要掌握好時間、火候，把鮑魚形神俱全的還原奉客；尤為細心的是考慮到鵝掌非洋人所愛，故轉用花菇，又把平日配搭的白飯，改為富地方色彩的法包。他說：「中法建交六十周年，中國菜配法包，最有意思，體現美食無疆界，說好香港的美食故事。」

回溯往昔，一哥曾在巴黎為法國前總統希拉克做菜，這一回阿滔於花都獻藝，師徒穿越呼應，譜寫傳承妙筆。

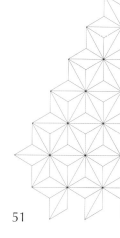

第二章

乾鮑的前世今生

由鮮鮑到乾鮑，開展另一場「生命」。

產自不同國家的鮑魚，

賦有各自的特質和韻味，

細數鮑魚的前世與今生。

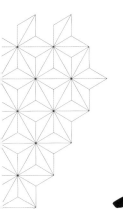

再生篇

鮑魚被捕撈上岸,繼而開殼取出鮑肉,它的自然生命已然結束。不過,本書談乾鮑,從飲食層面,以至文化層面,當新鮮鮑魚過渡到乾鮑,鮑魚開始了另一場「生命」,裏外持續蛻變,衍生出更多優美的特質,無論在市場上的售價,以至在感性的品味層次,都更上一層樓。

製作步驟全拆解

新鮮鮑魚變成乾鮑,須經過關鍵的製作過程,當中的操作、細節,屬業內的商業秘密,細節技巧鮮少向外披露。以下把日本吉品鮑的製作過程逐一拆解:

去殼

從岩手縣沿岸海域採捕的野生鮑魚,先以去殼刀小心的把貝肉和貝殼分離,並除去內臟。

※岩手縣漁民捕撈鮑魚交貨前選別,分為一號品和二號品。一號品顏色較佳及飽滿;二號品顏色較遜(肉青色)及瘦身魚。如鮑魚不足9cm需放回大海。

鹽漬

經上述步驟取得的貝肉，加入適量的鹽，大約醃泡兩天，然後用清水把貝肉徹底洗淨。

水煮

把貝肉放進熱水煮約一小時，初步把鮑魚定型，直至鮑肉軟身便可撈起。煮的水溫不能過高，否則令鮑魚的表皮爆裂，賣相受損之餘，亦流失鮮味。

曬乾

將貝肉表面的水分焙乾，然後用棉線從頭至尾穿過貝身，一串多隻，之後懸吊起來，在充足的陽光下照曬約兩個月。基本上在日間照曬過後，黃昏後便收回室內，雖然日本的氣候相對乾燥，仍恐怕晨昏的霧水沾濕鮑魚，故須細心呵護。照曬至充分乾燥，便可拆掉棉線，再把鮑魚放在陰暗處進行醃蒸及日照，反覆交替進行約三至四星期。

※ 日本吉品鮑仍以傳統方式曬製，透過天然日光讓鮑魚水分焙乾，呈現與別不同的效果。

選別

製作完成的乾鮑，會篩選歸類，包括按等級分類（分為特選、Ａ魚、Ｂ魚、Ｋ魚），以及按頭數分（如二十頭、廿五頭、三十頭等），然後裝箱。（關於等級、頭數，詳見第二章「學問篇」）

此為製作乾鮑的步驟。世界不同產地的商號，製作乾鮑的手法類同，看來不涉及多少高難度動作。然而，上述僅粗略的框架，足以影響乾鮑質素高下的小節，廠商秘而不宣，譬如用鹽量多寡、晾曬的程序、具體的照曬日數等，外人不容易拿捏準確，製成品便有高下之別。

上文以日本吉品鮑的製作過程為參考，當地的出品仍依循傳統做法，以天然日光照曬。至於其他產區，做法已有分別，開始引用機器協助，把晾曬工序移至室內，可以全天候運作，無懼風吹雨打。晾曬的房間備有恆溫裝置，可以按需要吹送暖風，縮短乾燥的時間。不過，慢工出細貨畢竟有其道理，經傳統方式手作製造的乾鮑，食味、口感基本上看高一線。

※日本禾麻鮑的曬製方法與吉品鮑不同，棉線從頭以 70 度穿至尾吊曬。

※日本網鮑由於體形大，會放在網架上以日光均勻曬製兩面。

「鮑」你懂

蓮蓉芯、活剝殼

部分廠商的製作技藝未到家，處事也相當馬虎，尤其是處理體積較大的網鮑，晾曬時間未足夠便倉促完工出售。情況嚴重時，只有外層乾硬，核心依然黏糊糊的，恍如啫喱狀，肉質靡爛，被業內人士戲稱為「蓮蓉芯」。未乾透的乾鮑，透着腐臭異味，選購時要仔細檢查。

選擇乾鮑，當然要揀「新鮮」之選。驟聽可笑，又不是揀海鮮，既已乾燥處理，何來新鮮？這裏指採捕時鮑魚的狀態。假如鮑魚在剝離貝殼之前已死掉，就是不新鮮。有時候甚至已死掉一段時間，魚肉或已出現腐朽潰爛。部分無良商人只管圖利，強行把壞掉的鮑魚製成乾鮑，問題愈演愈烈，腐爛的部分會發出臭味。同時，不新鮮的鮑魚經晾曬後，其四周裙邊往往不會形成微微捲曲的特徵。買家沒可能在現場見證鮑魚是否「活剝殼」，選購時要仔細檢查其外觀，聞清楚確保沒有異味。

鮑魚危機到轉機

「全球暖化」、「排污危機」天天佔據新聞的當眼位置，影響果真全球化，即使潛居海底的鮑魚也不能獨善其身。鮑魚作為生物圈一員，必然要面對環境異變的危機，乾鮑作為相關產業，也在連鎖效應下同受影響。

鮑魚刻下所面對的多種威脅，可參考美國國家海洋漁業局（NOAA Fisheries）關於該國西岸白鮑魚（White Abalone）的存活報告，指出該種鮑魚於 2001 年被列入瀕危物種，是該國首個無脊椎海洋生物獲此評級，並解釋其面對的三方面威脅：

1. 過度採捕
在加州，白鮑魚商業採捕的魚穫於七十年代達至頂峰，及後持續下滑，直至 1997 年實施禁捕。

2. 出生率低
基於鮑魚的繁殖特性，生產率偏低，歷經過度捕撈，數量急劇下降。

3. 感染疾病
其中一種名為「鮑魚凋萎綜合症」（Withering syndrome of abalone），屬致命病症，令鮑魚食慾大減、體形瘦小、體色轉變，以及足肌萎縮，無法吸附於岩壁上，脫落死亡。

體外受精，生育講運氣

鮑魚其中一個危機，源於其生產率低。雖然有雌雄之別，鮑魚卻不進行交配。雌性鮑魚會把卵子排到海床上，縱然每次可排出數以百萬計的卵，卻在海底飄流或被其他魚類進食，所餘無幾；直至遇上雄性鮑魚排出的精液，才能造就受精卵，始有機會繁育下一代。

可見野生鮑魚的繁殖機會實在渺茫，加上本身的數量不多，鮑魚往往是孤身過活，難以碰上異性，繁育後代確實難關重重。有研究指出，自七十年代，野生鮑魚的死亡率遠高於出生率，因此數目持續下降，須要人工方法加以協助。

世界其他地區的鮑魚同樣面對這些威脅。至於上述未論及的海洋環境轉變，近數十年情況持續惡化，包括人為污染，嚴重危害海洋生態。同時，受全球暖化等因素影響，海洋的天然環境也異變，問題亦非近年才發生，縱然遠在香港，半世紀前也有零星報道進入大眾的視線範圍。譬如 1966 年 10 月 27 日《工商晚報》一則關於海味來貨減少，導致鮑魚等貨價轉昂的報道，當中指出「近年因為海流變化影響，鮑魚的生產量也顯著減少。」意指海洋的水流轉變。報道沒有細析成因或是否屬於異常變化，卻揭示鮑魚對環境相當敏感，洋流變動足以導致產量銳減。

※ 全球鮑魚面對海洋環境轉變的威脅，各地政府急謀對策應對，改善鮑魚的漁穫量。

近年對環境問題持續關注，各地危情更形突顯。2022年12月，世界自然保護聯盟（IUCN）公佈數種海洋生物被列入瀕危物種紅色名錄，包括二十個不同品種的鮑魚，相關報道提到海洋水溫上升日益加劇，影響海藻生長，導致鮑魚食物不足，亦令鮑魚的患病情況惡化，障礙成長，2011年西澳洲北端出現逾九成羅氏鮑死亡的事件。

過度採捕鮑魚受各地政府關注，惟打擊非法濫捕及販運是一條崎嶇路，成效難顯。國際野生物貿易研究組織（TRAFFIC）於2018年2月發表調查報告，聚焦南非嚴重的非法捕捉鮑魚及販運出口，以及背後與犯罪集團的勾當。報告提到1965年是南非鮑魚漁穫最豐收的年份，高達2,800噸，隨後下滑，直至2007年，獲政府允許的漁穫量竟少至75噸；基於非法撈捕對鮑魚存活的嚴重損害，該國於同年10月實行禁捕。不過，在漁業界的強烈反響下，禁令於2010年取消，惟該國非法採捕鮑魚的情況持續惡化。南非曾於2008年把鮑魚列為瀕危物種，圖減少非法出口，奈何受外圍壓力，2010年便把鮑魚從名單除下。

從上述南非的情況，看到打擊非法濫捕及維護物種可持續發展上，實非兩語三言可成事。不過，危機的另一端是轉機，不少國家已執行措施，冀尋找出路，解決相關問題。除了嚴格執行打擊非法採捕，南非、澳洲等地實

行配額制度，控制捕捉數量。然而，焦點進程是推動人工養殖鮑魚產業發展。上文提到的報告指出，南非致力透過人工養殖鮑魚滿足外需，包括在海岸圈養，以至在陸上打造水池，建立大規模人工飼養工場。2002 年，南非人工養殖的產量約為 430 噸，是第一年超越野外捕捉的數量，及至 2015 年，已增加至 1,700 噸。

世界自然基金會香港分會網頁關於南非養殖鮑魚的簡介，指「鮑魚養殖場的污染排放率很低。陸上水缸養殖系統不會造成嚴重的棲息地改變。雖然鮑魚可能患有寄生蟲，但是對物種的影響是有限的。即使養殖期間使用了化學藥品，但會將化學藥品稀釋至對環境沒害的水平，因此對環境的影響很小。」希望在多管齊下推動，各地鮑魚產業能健康發展，同時讓自然界的鮑魚可永續存活。

※ 邱威廉與阿滔曾到南非鮑魚養殖場參觀，了解人工養殖鮑魚的情況。

「鮑」你懂

鮑魚公乸有得分

挑選食材時，精明買手常有公乸之說，每每關乎質素差異，可憑外觀特徵釐清。鮑魚乃雌雄雙性的生物，從生物學的角度論，其外殼沒有任何性別特徵，故無法單憑表面外觀識別。要判斷性別，得從鮑體入手。把新鮮鮑魚的腹足及外套膜（Mantle，軟體動物包裹內臟的膜）用力向右方推，可以見到其性腺（gonads，生殖器官），雄性的性腺呈現乳白色，雌性的卵巢則較為深色。

關於乾鮑的「公乸說」，有指中間的枕較圓較大者，就是「乸」，又有稱「公」的肉質較實卻甜，「乸」的則較軟腍……孰真孰偽，須經驗證，奈何乾鮑經製作後，已無法循其肉臟結構區分雌雄。因此，「公乸」並非判別乾鮑質素所需要深究的項目。

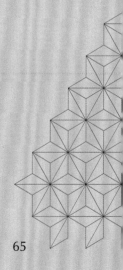

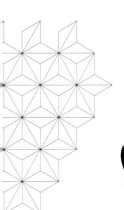

點將篇

鮑魚蹤跡遍及亞、非、澳及美洲，存活於太平洋、大西洋及印度洋沿岸海域。亞洲的鮑魚產國主要有日本、韓國、中國、中東地區國家，還有台灣地區；非洲以南非為主要產地；美洲則有墨西哥、美國西岸、智利；澳洲方面有澳洲、紐西蘭。日本出產的乾鮑一直屬頂級產品，質優價高，其他如南非、澳洲，在市場上均佔重要位置。

歷經多年採捕，野生鮑魚總數銳減乃不爭的事實。為了讓鮑魚能永續延存，各國採取措施打擊非法採捕，維護海洋資源，縱然難見速效，卻總算是個好開始。效果更顯著的是發展人工養殖，除了在近岸圈養，更有於陸上造池培養，帶來的環境污染亦相對低。目前，南非、智利及美國西岸均以養殖為主，而日本、澳洲、墨西哥則是混合野生及養殖生產。

※ 南非其中一個鮑魚人工養殖場的陸上造池方式。

日本乾鮑頂級選

日本東面三陸海岸的青森縣、岩手縣，是鮑魚的主要產地，該處所產鮑魚製成的乾鮑，品質最上乘，冠絕全球。能產出如此佳品，有多個先決條件：

1. 環境優越

日本出產鮑魚的海域，坐擁極佳的水質，海床長有優質的海藻、水草，為鮑魚提供豐富的食糧。

2. 水溫適宜

該處海域的水溫偏低，約在攝氏 13 至 15 度，最適合鮑魚生長。

3. 做手出色

鮑魚品種質優是先決條件，但要把其內在美提升到極致，像形成溏心，則關乎曬製的工藝。這種手藝乃家族內傳的秘技，鮮少外傳。

日本乾鮑分為三大類，

包括同產於青森縣的禾麻鮑（又稱窩麻鮑、大間鮑）、

網鮑（又稱網取鮑），

以及產於岩手縣的吉品鮑（又稱吉濱鮑）。

三者的形態各有特色，取決於照曬製作的做手。

目前，日本乾鮑大多仍採自野外，

以傳統方式照曬製作，

乃乾鮑中的頂級貨。

※ 經日光曬製完成的網鮑，品質上乘。

吉品

特點

產自岩手縣吉濱（Yoshihama），故又稱吉濱鮑。該處乃全球水質最佳地區，孕育出質優的鮑魚。這區域水溫較低，鮑魚生長速度慢，二十頭的吉品，約要十年才長成，加上曬製工序繁複，故價格高企，冠絕同儕。

形態

吉品鮑呈橢圓形，像中國元寶，腰圓背厚，外觀工整標致。「新水」貨顏色金黃，隨着陳化而轉深，其裙邊呈珠花狀，疏密有致。以平田五郎家族製作的乾鮑最負盛名。吉品鮑採用順吊式照曬，用棉線由頭至尾跨過鮑身中央，一隻一隻串連起來吊曬。故此，鮑身中間有一條明顯的線痕，兩端留有穿孔，也是辨別吉品鮑的其中一個特徵。

品味

經過陳化的「舊水」吉品，魚香味濃烈，口感軟糯溏心，齒頰留香。

日本吉品（12 頭）

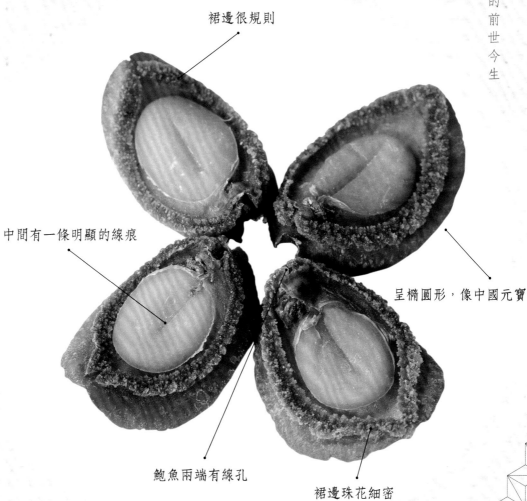

裙邊很規則

中間有一條明顯的線痕

呈橢圓形，像中國元寶

鮑魚兩端有線孔

裙邊珠花細密

禾麻

特點

產於青森縣（Aomori）的大間町（Oma），按該地名
的讀音稱為禾麻，又稱窩麻，也有喚作大間鮑。六十年
代本地報章報道商品行情時，偶稱作「倭麻」，鮑魚古
代也有「倭螺」之稱。禾麻外觀不若吉品標致，以往產
量穩定時，其價格較同一頭數的吉品便宜。不過，現時
禾麻的產量少，市面銷售的都是「舊水」貨，價值不菲，
較吉品還要高。

形態

外形較細，薄身、扁平，枕較高，不如吉品呈元寶型，
外觀相對遜色。由熊谷家族製作的最著稱。禾麻採用側
吊式曬製，把棉線以 70 度的角度由頂端左側刺進，再
由其右側穿出，後吊掛照曬，故鮑身兩側留有小孔，並
顯現斜向的線痕，乃辨別禾麻的其中一個特徵。

品味

經陳化的禾麻，味道非常香濃，肉質軟腍，口感軟糯，
經得起以刀叉細味。

因吊掛串曬，有穿線的孔

裙邊珠花細而密

肉枕中間沒有線痕

有穿線的孔

肉枕較細

裙邊形態不規則

薄身、扁平，比吉品薄

網鮑

特點

與禾麻同產於青森縣的水域，二者的外觀看來有點相似，但網鮑的體形碩大。青森縣海域的水溫低，十頭網鮑至少要十年才長成，而較南的千葉縣，因水溫相對高，鮑魚較快成長，該處的十頭網鮑約五年便長成。可惜，因千葉縣海域水質受污染，已沒有出產網鮑。

形態

網鮑屬於老身的鮑魚，其外殼出現環狀的「年輪」。把煮熟的網鮑剖開，剖面可見如網狀的圓紋，故取名「網鮑」。其體積大，底邊寬闊，肉厚而富韌性。網鮑晾曬時，會平放在網架上照曬風乾。

品味

優質的「舊水」網鮑，食味與吉品接近，至於次級的，味淡且纖維粗糙。奧戶網鮑肉質非常軟糯，啖着如吃年糕般，溏心到不得了，如此佳品實難復見。世界其他地區也有網鮑出產，以日本的網鮑為正宗。

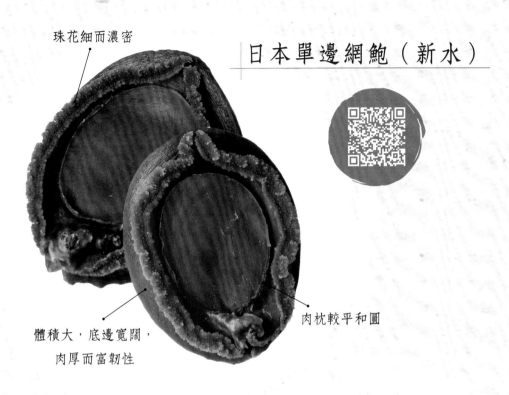

珠花細而濃密

日本單邊網鮑（新水）

體積大，底邊寬闊，
肉厚而富靭性

肉枕較平和圓

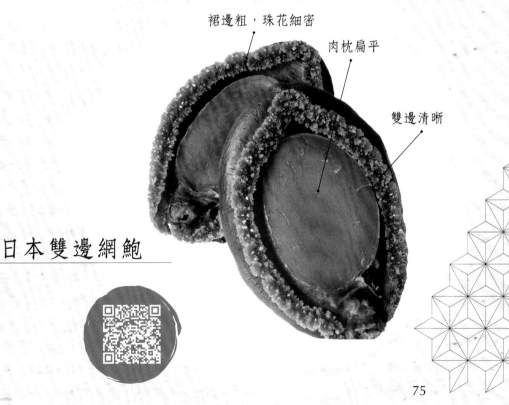

裙邊粗，珠花細密

肉枕扁平

雙邊清晰

日本雙邊網鮑

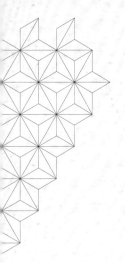

如裙邊幼和肉枕突起屬於 B 貨

裙邊幼細

肉枕平

日本千葉縣網鮑

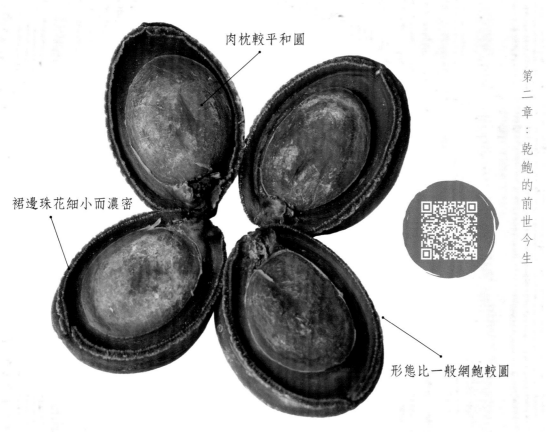

肉枕較平和圓

裙邊珠花細小而濃密

形態比一般網鮑較圓

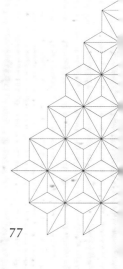

日本五島單邊網鮑（舊水）

南非鮑魚夠豪氣

南非鮑魚，學名 Haliotis midae，又稱南非鮑螺，當地人喚作 Perlemoen，意指「珍珠之母」，屬地方性物種。南非乃西半球最主要的鮑魚產地，惟非法採捕問題嚴峻。據國際野生物貿易研究組織（TRAFFIC）2018 年 9 月的調查報告指出，2000 至 2016 年，南非鮑魚出口量達 55,863 噸，僅 18,905 噸屬合法出口。

當地志願組織南非鮑魚出口理事會（South African Abalone Export Council）介紹，該國鮑魚產品包括鮮品、急凍、罐頭及乾鮑。為應對過度採捕導致野生鮑魚數目銳減，現已致力發展養殖業，目前沿岸共有 13 個鮑魚養殖場，集中於西開普省（Western Cape），另一所位於東開普省（Eastern Cape）的東倫敦市（East London）。

加工鮑魚

可稱為「加工的野生鮑魚」。南非出產鮑魚，從野外水域捕獲後，部分廠商在製作乾鮑時，通過人為加工，營造出利便在市場傾銷的鮑魚形態，這裏把它列作一個類型介紹。當中一個加工法，就是模仿日本的吉品鮑，包括以模具定型，造出工整的外觀，曬製時於頭尾刺小孔，以金屬線在中央壓出一條線痕，營造矜貴的賣相，圖廣開銷路。

肉枕平

吊曬而成中間的人工線痕

裙邊針刺粗

多數使用青魚，因質量較好

南非加工鮑魚

多數做成 15 頭以上

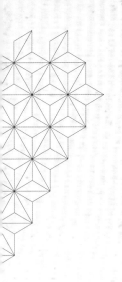

裙邊針刺呈尖形

魚身帶鮮紅色

肉枕較高

南非紅魚

特點

南非出產的鮑魚分為紅魚、青魚及黃魚,三者的形態相若,從魚身的顏色已能區別出來。紅魚或因所進食的海藻,魚身帶鮮紅色,按比例計,是三種中數量最少的。青魚的魚味最濃,是三者中價格最高。然而,三種魚很多時是混合一起銷售,很難分別。

形態

南非產鮑魚,個頭大,外圍的裙邊針刺呈尖形,粗且厚,儼如刷子般。相反,日本鮑魚周邊呈現一朵朵珠花狀,兩者裙邊有明顯分別。

品味

相對於紅魚、黃魚,青魚的魚香特別濃,食味最濃郁。南非鮑魚較耐火,需較長時間烹調。若與日本乾鮑比較,南非鮑魚的味道有差距,烹調上要投放耐性與心思,善用排骨、鱆魚、大地魚及瑤柱等提升鮮味的材料燜扣,促進入味。努力一番有回報,南非鮑魚不乏甚為溏心的產品。

裙邊針刺粗，呈尖形

南非青魚

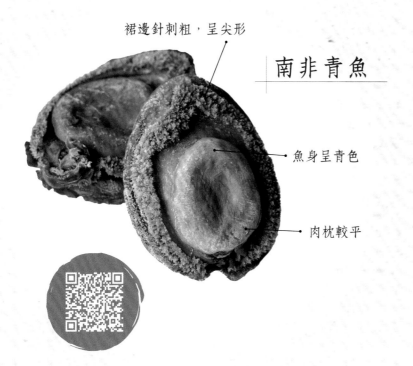

魚身呈青色

肉枕較平

肉枕高

魚身呈黃色

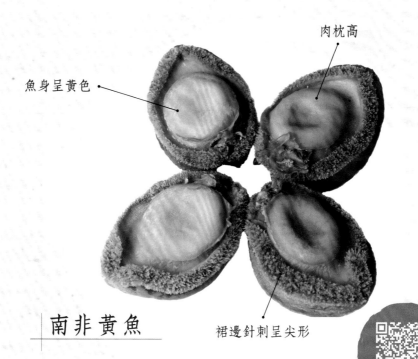

南非黃魚

裙邊針刺呈尖形

養殖鮑魚

裙邊粗密

肉枕厚

中間有明顯線痕

金溏鮑魚

南非雖然設採捕鮑魚配額，但歷年非法採捕猖獗，野生鮑魚數量大減，促使養殖業興起。人工養殖鮑魚不僅於近岸圈養，更有在陸上興築養殖場，打造水池，抽取近岸的優質海水培養繁殖鮑魚。

特點

採用先進養殖系統管理，挑選優質品種作人工繁殖，給鮑魚餵飼新鮮採收的海帶、培植的海藻及經調配的飼料，促進生長，約三、四年已成熟，所產鮑魚約佔全球產量 2%。

形態

人工化養殖，質素管控較完善，及至製成乾鮑，製作工序與日本鮑魚相近，形態的模塑功夫不俗，外觀驟看與日本吉品鮑近似。南非鮑魚的價格在日本鮑魚之卜，隨着市場需求增加，近年亦抬升不少。

品味

整體水準不俗，魚味香濃。

南吉，南非也有吉品？

日本乾鮑有其製作特點，講究傳統的天然做手，製成品質優，有市有價。當中吉品鮑、禾麻鮑各有辨別特徵（參見日本鮑魚介紹 p.70-73）。然而，單憑「線」溯，並非百分百可靠，利之所在，有不法商人仿做謀利。

南非鮑魚產業參與者眾多，部分人仿造疑似日本鮑魚，包括以金屬線壓出上述日本乾鮑的「線」痕特徵，即使吉品腰圓背厚的工整模樣，也透過模具加以塑造，幾可亂真，圖魚目混珠賺取厚利。業界戲言名之為「南吉」──南非的吉品。南非何來吉品！奈何有不法零售商，把南非鮑魚訛稱日本鮑魚，誤導消費者。故此，買家可結合實況思考：南非主要出產鮑魚，個頭大，不會採用吊曬方式處理，壓線純粹偽裝。「線」痕可人工添加，但吉品裙邊呈珠花狀的特徵，南非鮑魚是無法仿造的。買家可根據乾鮑的整體形態、裙邊及其他特徵判別，只有南非養殖鮑魚才會做成「南吉」。

澳洲量豐港流行

澳洲的野生鮑魚主要有黑邊、青邊、棕邊及羅氏鮑魚四種，產區分佈該國南部，包括維多利亞州、新南威爾士州海岸及塔斯曼尼亞島的海域。翡翠鮑——是把青邊鮑、黑邊鮑經人工配種而成的品種。

特點

澳洲鮑魚產量位居全球前列，在香港也很流行，在市場上的售價僅次於中東鮑魚，比南非鮑魚高，位居第三。

形態

澳洲鮑魚個頭大，裙邊幼細如線狀，分為單邊和雙邊，前者即顯現如一條線，後者為兩條線。

品味

論食味，與日本鮑仍有距離，當然，若單獨品味還算不俗，更時有驚喜，吃到肉質軟糯的優質貨色。

只有小數的觸鬚

澳洲青邊鮑魚

幾乎沒有裙邊針刺

裙邊呈單邊狀

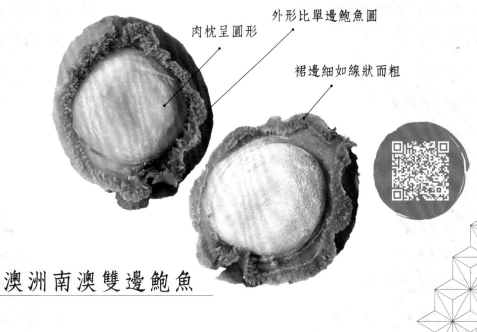

外形比單邊鮑魚圓

肉枕呈圓形

裙邊細如線狀而粗

澳洲南澳雙邊鮑魚

中東鮑味力驚喜

中東鮑魚主要產於該地區南部的阿拉伯海、波斯灣沿岸，像阿拉伯聯合酋長國（The United Arab Emirates）的阿布扎比（Abu Dhabi），還有阿曼（Omen）等國家。據官方組織「阿曼水產養殖」（Aquaculture Oman）網站指出，該國南部海域水質清澈暖和，造就當地名為「As'sufailah」的鮑魚成長，利之所在，致過度捕撈。南部鮑魚業重鎮佐法爾省（Ẓufār）的漁民生計備受影響，近年已發展人工養殖鮑魚產業。

特點

中東鮑魚的外觀稍嫌失色，惟食味尚算不俗，價格穩定，在世界鮑魚市場上長期屈居次席。過去中東鮑以粗品之姿進入本港市場，一度流行，銷路曾居首席，也深受內地客歡迎，但近年在香港的流行程度漸退，需求減少，價格時有浮動。

形態

橢圓外形，個頭相對小，頭數較多，色澤較深接近茶褐色，鮑身扁平。

品味

相對其他地區的鮑魚，外觀雖遜，但食味倒不俗，肉質軟脸，魚香味甚濃郁，亦能嘗到有溏心的優質貨。

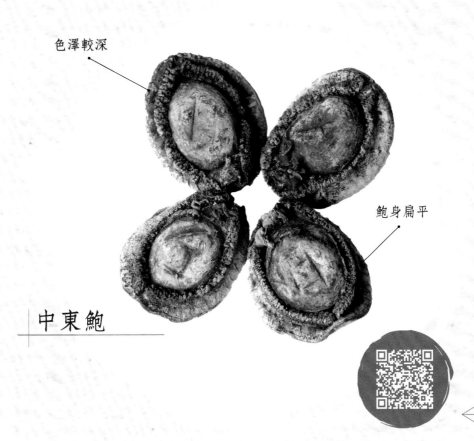

色澤較深

鮑身扁平

中東鮑

中國乾鮑探潛力

中國東部沿海多個省分均有發展鮑魚養殖業，包括福建廈門、遼寧大連、山東青島及煙台等，甚至廣東、海南亦有出產鮑魚。皺紋盤鮑為主導品種，以大連的出品為人熟知，又名大連鮑魚；近年福建出產的綠盤鮑，又稱皇金鮑，個頭比大連鮑大 2 至 3 倍。而九孔鮑魚也有知名度，產量甚豐，主要作新鮮鮑魚發售。

特點

內地的乾鮑生產，近廿餘年才展開，有待進一步推展。

形態

大連鮑個頭小，厚身，裙邊針刺細密。皇金鮑個頭較大，肉枕厚，裙邊細密，兩頭微微翹起，身型偏長。

品味

相對於世界各地，中國乾鮑仍屬發展初階，但養殖業蓬勃發展，食味普通，質感富韌度，整體尚有改進空間。目前較常用於做菜，如經後期加工，用其他材料添味加以煮腍，用於製作盆菜、佛跳牆等。

裙邊幼

肉枕平、薄身

中間無線痕

中國大連鮑（14 頭）

兩頭微翹起

肉枕厚

中間有線痕

裙邊細密

中國福建皇金鮑

89

「鮑」你懂

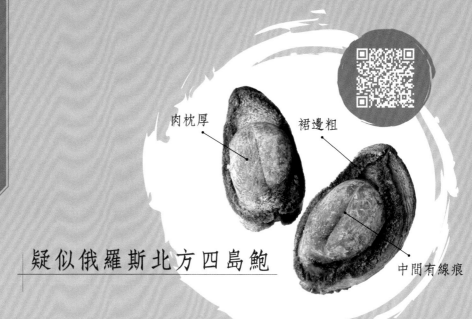

肉枕厚　　　裙邊粗

疑似俄羅斯北方四島鮑

中間有線痕

北太平洋鮑魚傳說

鮑魚用家只能聆聽商家提供的貨品訊息,故光顧信譽良好商戶是重要的。市場有聲稱產於北太平洋海域的鮑魚,來自俄羅斯、日本接壤的四島——國後島、擇捉島、齒舞群島、色丹島。相關貨品外觀標致,結合北太平洋海域低溫水清的聯想,讓人感覺屬優質貨。

非要鼓勵多疑,但理性思考有助你多認識鮑魚。早於 2011 年初,日本媒體已報道中國大連一水產公司,與俄羅斯的同業簽署備忘錄,計劃在北方四島的國後島設立水產養殖場。惟隨後發展未能確定,亦不清楚有否養殖鮑魚。反而該海域的主權爭議持續,可說是危險地帶,若屬天然採捕,實屬冒險工程,不免疑惑這產地聲稱成立否?不妨細審鮑魚外觀,會否類似來自如南非等產區,可能性很高。

當然,未能肯定之餘,也沒有鐵證否定,何況該批鮑魚經烹煮後,非常軟糯溏心,食味上佳。原則上消費者總希望買到和其聲稱相符的產品,視乎當事人會否介懷。說到底,購物時冷靜細想,多做功課,有助成為精明消費者,也加深對鮑魚的認識。

90

新西蘭

其他地區放眼望

特點

所產品種有藍邊鮑、黑邊鮑，後者最知名，又稱「黑金鮑」，當地人以土著毛利族（Māori）語言命名「pāua」，屬那兒的獨有品種。

形態

一如其名，顏色偏深。其肉身、裙邊呈黯黑色，雖是其特色，但賣相不討好，多製成罐頭，較少乾品，也少人用，在香港市場很難找到其乾貨。

品味

黑金鮑多製成罐頭鮑，在香港也流通，食味可以。

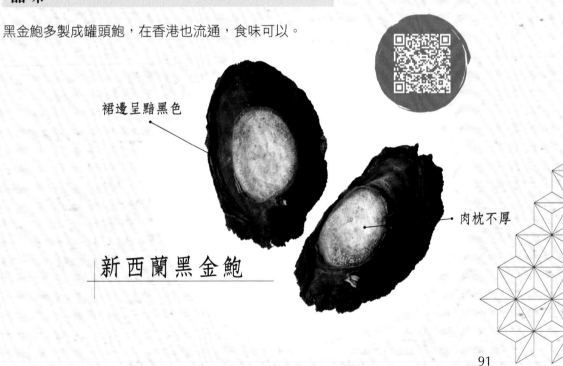

裙邊呈黯黑色

肉枕不厚

新西蘭黑金鮑

特點

其野生鮑魚甚少用來製成乾鮑，多數用於製作罐頭鮑，
其車輪鮑甚為知名。礙於本身技術所限，尚未發展出乾
鮑產業。

形態

由於所處海域環境理想，鮑魚成長得快，頭數一般較大，
裙邊不明顯。有的體積尤為碩大，可能有陳化了近二十
年。

品味

其魚味香濃，質感軟脸，有一定水準。

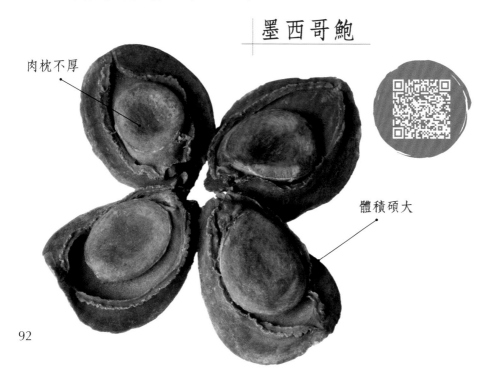

墨西哥鮑

肉枕不厚

體積碩大

特點

過去曾進口香港，當年也做過一陣子推廣，礙於質素不高，終究沒有在本地流行，近年來貨甚少。

形態

目前搜尋到的乾鮑，中間有線痕，顯示其穿起來吊曬。由於本身的乾鮑製作技術未足夠發展成為產業，故新鮮鮑魚主要用來做罐頭，智利湯鮑為人熟知，乾鮑甚罕見。

品味

質感較硬，具韌度，較難煲腍，味道亦不濃郁。

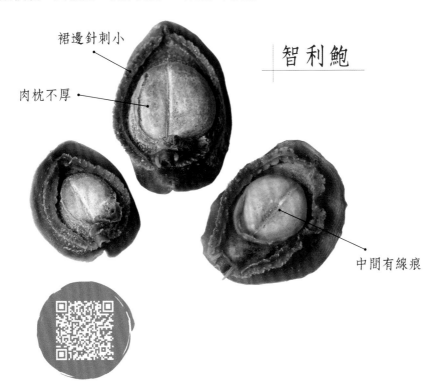

裙邊針刺小

肉枕不厚

智利鮑

中間有線痕

韓國

特點

縱然三面環海，本身海產豐富，但該國的乾鮑產業並不蓬勃，與比鄰的日本無法相提並論。韓國鮑魚主要作鮮鮑銷售，如作為刺身食用。雖然仍能找到其乾貨，但沒有市場，賣不起價錢。

形態

頭數不大，一般較細小，裙邊並不突出。圖示的貨色，裙邊不齊整，頗為「岩巉」。

品味

口感富韌度。

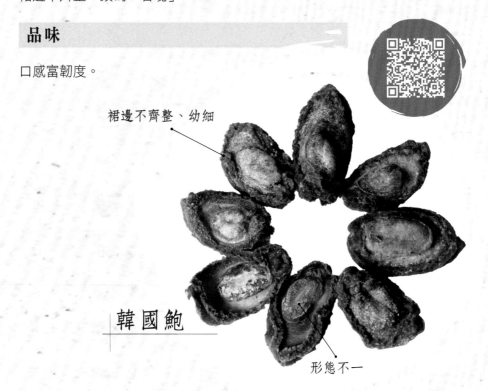

裙邊不齊整、幼細

韓國鮑

形態不一

印尼

特點

作為萬島之國，海岸線如此綿長，印尼也有出產鮑魚，但香港人鮮有所聞，走遍海味街的商號，還是撲個空，皆因缺乏市場。

形態

幾經艱辛才找到若干乾鮑貨，外觀如揉皺的紙團，外觀教人卻步。

品味

印尼鮑的枕較厚，耐嚼，宜去掉，食味不濃。

外觀不討好

肉枕厚

裙邊幼細

印尼鮑

特點

在香港絕不流行，即使有，亦多用於煲湯而已。

形態

個頭細小，無甚特色。

品味

食味一般。

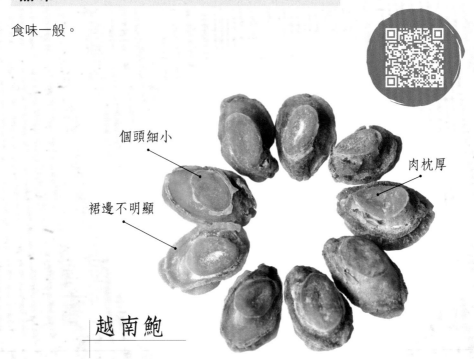

個頭細小

裙邊不明顯

肉枕厚

越南鮑

鮮鮑味鮮營養豐

鮑魚屬於貝類動物，身體柔軟，在岩石及洞穴中能夠緩慢爬行，分為頭、腹足及內臟部分，足部軟體部分呈橢圓形，寬大扁平，而外部被粗糙的外殼包着，殼側有一列小孔，用以排走海水、呼吸及生育等，不同品種鮮鮑的外殼帶有各異的色澤，全球各地鮑魚品種共有 57 個，以下是香港常見的鮮鮑。

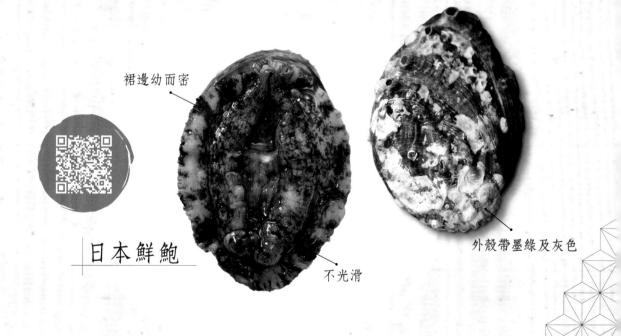

裙邊幼而密

日本鮮鮑

不光滑

外殼帶墨綠及灰色

97

比較平滑

肉色帶暗黃

大連鮑

外殼呈棕色和墨綠色

南非鮑

貝殼呈現灰白色、粗糙

肉身顏色灰白、厚身

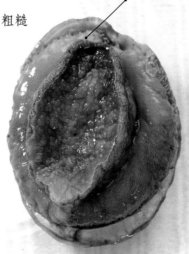

澳洲翡翠鮑魚

※ 由青邊鮑及黑邊鮑經人工配種而成。

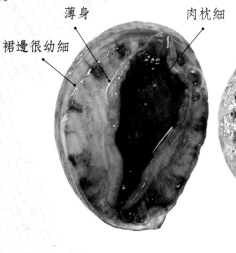

裙邊很幼細

薄身

肉枕細

外殼呈碧綠顏色

外殼粗糙，呈啡、綠及灰色

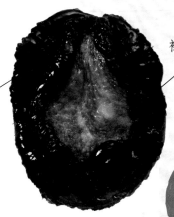

裙邊幼細

呈烏黑色

澳洲黑邊鮑魚

急凍鮑魚留鮮味

鮮鮑被捕撈後，以急凍技術保存其鮮味，冷藏後隨時烹調。澳洲青邊鮑肉厚體大，肉質爽滑，口感豐富，用於煲燉湯水或切片煮吃。南非鮑魚味濃、鮮味足，口感帶嚼勁，適合燜煮菜式。

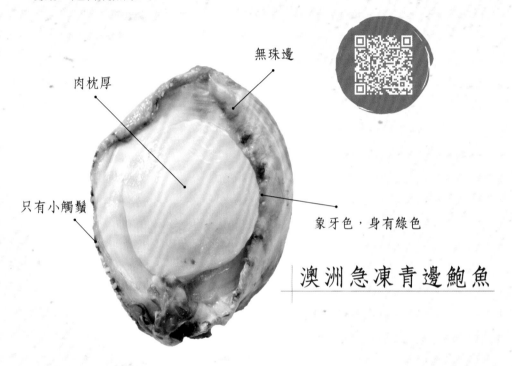

肉枕厚

無珠邊

只有小觸鬚

象牙色，身有綠色

澳洲急凍青邊鮑魚

南非急凍鮑魚

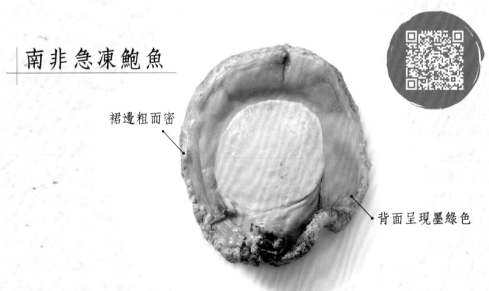

裙邊粗而密

背面呈現墨綠色

罐頭湯鮑方便嘗

鮮鮑魚經加工煮製後入罐，注入上湯或鹽水保存鮑魚，
能夠方便配搭不同食材。罐頭湯鮑因產地各異，令口感
及味道各有不同。

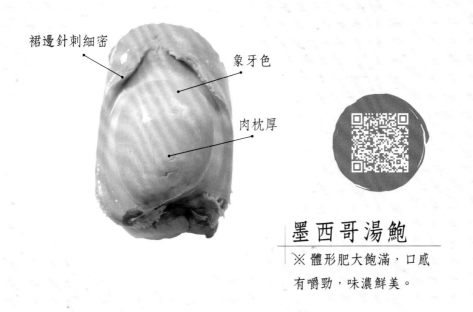

裙邊針刺細密

象牙色

肉枕厚

墨西哥湯鮑
※ 體形肥大飽滿，口感
有嚼勁，味濃鮮美。

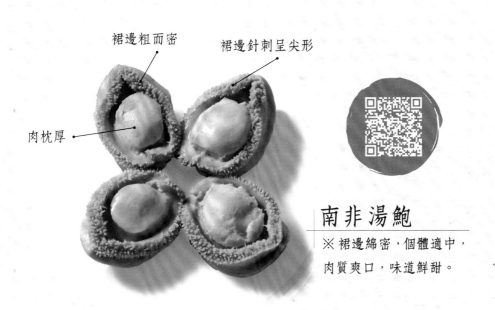

裙邊粗而密

裙邊針刺呈尖形

肉枕厚

南非湯鮑
※ 裙邊綿密，個體適中，
肉質爽口，味道鮮甜。

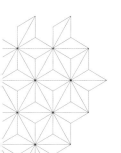

學問篇

加入富臨飯店逾三十年，黃隆滔猶記：「早年一哥帶我到海味欄挑選鮑魚，給我身教。」由學習到獨立，他肩負為飯店選貨重責，幾十年來與鮑魚無間交往，貨色好壞，觸碰之間，了然於胸。

何謂優質鮑魚？可從兩個層面論：其一是選貨時審視其形態，再者是鮑魚的食味、質感，這點要待烹煮後細嘗才能分辨。以下是阿滔的經驗之談。

外觀

優質鮑魚最基本的條件有：

· **外型飽滿，工整完好**，表面平滑無凹陷，肉身通透，裙邊整齊無缺損；

· 乾鮑經加熱製作，四周裙邊受熱收縮，呈微微捲起的形狀（粵語謂之「攣起」）。**質優的乾鮑大多有此外圍微曲，中間略凹下的形狀**；

· **徹底乾身，鮑身質地硬淨挺身**，不會有軟腍質感，
易被按壓下去；

· 沒有異味，透着海味的鮮香。顏色因品種有別，新水
貨色澤較淺，舊水貨則相對深。

食味及口感

這關乎烹調手法與廚子的細密心思。大家常說「溏心鮑
魚」，其實與製作乾鮑的做手相關。以下細析種種乾鮑
學問。

溏心：浪漫風暴

多年前一部圍繞鮑魚販商家族衝突的電視劇，藉鮑魚「溏心」的特性，大搞人際風暴。話說回來，乾鮑溏心的形成，也如風暴，卻是浪漫的風暴，是經年累月慢慢轉化而成，深藏不露，單憑外觀摸不透，必須經烹煮，剖開鮑魚細味那一刻才揭盅分曉。同時，鮑魚有否溏心狀態，取決於它本身，烹煮過程也難以施展魔法，無中生有。如此關鍵的品味環節，到頭來如同鮑魚與食家進行的一場猜謎遊戲，到壓軸才交出答案，豈不浪漫！

坊間偶有「糖心鮑魚」的寫法，望文生義，容易誤會關於食味的甜度。《現代漢語詞典修訂本》（北京：商務印書館，2000 年）中「溏」一條，解釋為「不凝結，半流動的」，舉例「溏心雞蛋」，指「蛋煮過或醃過後蛋黃沒有完全凝固的」。採用這詞來形容鮑魚的軟糯質感，屬於比喻，但和蛋的情況有別，鮑魚的溏心，與烹煮沒有必然的因果關係。

新鮮的鮑魚不存在溏心狀態，乾鮑才有。溏心的形成，關乎乾鮑的製作及陳化過程。溏心鮑魚，指經烹煮後的鮑魚，其肉質呈現如年糕般的軟糯質感，啖之脍軟可口。溏心質感，是由鮑魚的蛋白質轉化而成的。鮑魚肉厚，在晾曬過程中，外層最先風乾，好比覆蓋了一層保護膜，杜絕外來細菌入侵滋長，防止其內部變壞腐爛，期間持

續晾曬，鮑魚肉質中的蛋白質所含若干種氨基酸，經歷轉化過程，慢慢形成溏心質感。

嚴格來說，每一隻乾鮑都具備溏心質感的可能，關鍵在於由新鮮鮑魚製成乾品的過程，即製作者的「做手」。當中包括鹽漬、焓煮定型、照曬晾乾等一系列工序，環環相扣，必須處理得宜，晾曬時間拿捏準確，始得溏心之妙，好比精工細作的藝術品。

各地出產的乾鮑，由不同廠商進行曬製工序，此等「做手」驟看類同，可是，關鍵卻在技巧的細眉末節，少一分則缺，多一分嫌過，乃商業秘密。以日本為例，屬於家族秘技，絕不外傳，以防敵手依樣跟從。因此，深諳箇中訣竅者，能在曬製過程中促使溏心質感的形成；部分廠號技巧稍遜，勉強造到質感軟腍，卻未達溏心之境。至於不得其法者，只管把鮮鮑曬乾，成品不管怎樣燜扣，韌度依然，考起食家的牙骹。

烹煮鮑魚須用心經營，豐富其食味。而燜扣的過程，可以促進鮑魚的口感，如軟腍程度，即管稱為對溏心質感有些許提升作用。不過，假如鮑魚本身欠缺溏心質感，單靠烹煮，實在不會化無為有，點石成金。

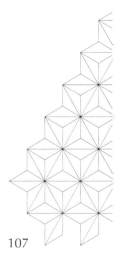

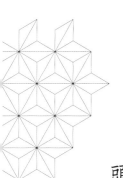

頭數：大小迷思

品味鮑魚已見普及，潮流文化如電視劇也以此為背景，時至今日，「鮑魚頭數如何計算？」已不再是一個問題，大家多少有個概念。然而，教人着迷的「大頭數鮑魚」今已愈見稀罕，何妨從另一些角度去認識、欣賞乾鮑之美。

乾鮑的頭數，好比計算鮑魚的單位，指一斤重量的鮑魚數目，就是其「頭數」。譬如一斤有六隻，就是六頭；一斤有二十隻，即二十頭鮑。當然，每隻鮑魚的重量略有出入，所以總數也許稍為多或少一隻。按這個計算法，體積愈大的，即一斤包含隻數愈少，譬如兩頭鮑，一斤有兩隻；三頭鮑，就是一斤有三隻；十頭即一斤有十隻。可見，頭數愈小，即鮑魚的體積、重量愈大，價值亦愈貴。鮑魚林林總總，大小種類不一，由頭數大至小拾級而下，十頭、二十頭、三十頭至六十頭皆有。

鮑魚的生長期緩慢，在野外動輒逾十年才長成，採捕後經悉心製作成乾鮑，再經多年始陳化成矜貴的珍品，鮑魚昂貴的身價，實結合其本質及歲月歷煉。然而，採捕過度，加上海洋環境轉變，野生鮑魚數量大減，大頭數乾鮑已相當稀有。右圖示為三頭乾鮑，屬網鮑，一般只有網鮑才有如此大頭數，此罕有大頭鮑由楊貫一師傅珍藏，卻已被品嘗，只留下照片。

※ 一哥珍藏的三頭網鮑。

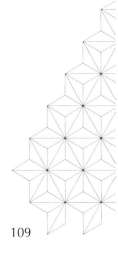

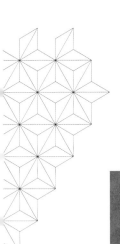

※ 一斤約有四隻，即四頭鮑，圖中是奧戶網鮑。

頭數大的鮑魚難得，價格高昂是定律；然而，品味鮑魚還有其他角度，即使頭數較小的，也會有驚喜貨色，可以說：「頭數愈大並非必然質素最佳！」故此，食家應通過細味鮑魚的肉質、魚味等，來加以判定，細意享受。一般而言，選擇廿餘頭的鮑魚，從品味角度已相當不俗。

「鮑」你懂

※ 日本網鮑

鹽霜多寡　無關優缺

乾鮑鮑身每每覆蓋一層白色的粉末，如撒下一片白霜，行內稱為「鹽霜」。出現鹽霜，源於「鹽化」現象。把新鮮鮑魚製成乾鮑，先要經過一輪製作工序，首先是鹽漬，以海鹽製作，不同廠商用的分量有別，但基本上是偏多的。之後經焓煮、晾曬等工序，鹽分多已除去，但仍有留在鮑魚身上。歲月流走，乾鮑經多年陳化後，內在的鹽分結晶附於表面，形成一層白霜。

關於鹽霜的訛傳，其一是以鹽霜作為乾鮑質素優缺的指標；其實，乾鮑有抑或沒有鹽霜，並不反映其質素優缺。再者，有指乾鮑一定有鹽霜，這點亦非必然。假如乾鮑存放在攝氏零下十八度的冷藏庫，就不會出現隨陳化而來的鹽霜。有些乾鮑存放了十多年，歷經陳化，仍沒有出現鹽霜。

部分廠商的製作工序較特別，以「淡曬」方式處理，就是不進行鹽漬，維持鮑魚本身的魚味，以此方式製作的網鮑便不會有鹽霜。相關貨品一樣軟糯質優，可見不能以鹽霜有無來判別鮑魚質素。

殲敵：驅蟲防霉

鮑魚購入後，要存放在一個適當的環境，讓鮑魚陳化。陳化過程中的管理相當重要（見 P.118），過程中鮑魚面對不同的危機。

最常見是蟲蛀。曾被蟲蛀的鮑魚，留有小孔，不難察覺。蛀蟲有不同品種，有些較大，亦有細如塵粒般，往往成群密佈，一眼便看到，教鮑魚主人心痛。鮑魚被蟲蛀後已遭受破壞，無法復元，勉強仍有方法力挽狂瀾。譬如把鮑魚放到焗爐，以低溫烘焗，蛀蟲受熱後逃遁現形。把蛀蟲驅趕後，鮑魚雖仍可食用，惟已非「完璧」，不宜端上桌款客，充其量自用。

另一問題是發霉。起霉菌，可能是保濕上失守，不過，亦有可能購買時走漏眼。部分鮑魚的晾曬工序馬虎，根本未處理好，厚厚的鮑肉未完全乾燥，導致發霉，令整隻鮑魚朽壞，發出異味，以至惡臭。購買時，必須仔細檢查，動眼，更要動鼻子，聞清楚有沒有不妥當的氣味。對於發霉的鮑魚，有指可用刷子把霉菌刷去，再照曬晾乾。可是，已發霉的食物始終有進食風險的，用家要衡量。

正所謂預防勝治療，呵護鮑魚必須防患未然，把鮑魚置於雪櫃，定期檢查。

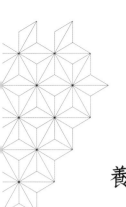

養生：中西觀點

貴氣鮑魚，品嘗重點在細味，怎算也不會為補充營養而吃。所謂知己知彼，既要擁抱鮑魚，對細微末節也該認識，包括西方營養學、中醫藥理論如何透視鮑魚。

關於鮑魚的營養優點，一般稱為脂肪低、蛋白質豐富，且含多種微量元素及營養素如維他命 B 雜。參考美國農業部（USDA）的資料，羅列幾項關鍵的營養成分：

每 100 克煮熟鮑魚所含營養成分：

蛋白質：19.6 克

總脂肪：6.78 克

膽固醇：94 毫克

維他命 B_5：2.87 毫克

維他命 B_6：0.15 毫克

維他命 B_{12}：0.69 微克

鐵：3.8 毫克

硒：51.8 微克

所列的都是含量較佳的項目，但數字是冷冰的，不免問有何用？較特別的如硒（Selenium），含量屬高。硒

是人體必須的微量元素，能抗衡游離基對人體的破壞，有助維護心血管健康。對於海產，不少人有膽固醇偏高的印象，故認為鮑魚亦然。然而，按上列表所見，以其每一百克含 94 毫克的水平，遠較同等分量煮熟雞蛋約 424 毫克的含量為低；鮑魚的膽固醇含量也較大蝦、墨魚、鱔魚等為低。反過來，鮑魚作為海產，也像某些魚類，提供一定量奧米加 3 脂肪酸，每 100 克鮑魚約含 49 毫克（包括 DHA 及 EPA 兩種形式）。

從求知角度出發，何妨再深探。上方營養成分數據也觸及氨基酸（蛋白質組成部分）的成分，包括色氨酸（Tryptophan），達到 0.224 克，相當理想，與富含色氨酸食物如雞肉、三文魚，不相上下。時至今日，色氨酸已是大眾的好朋友，皆因大家都關注精神健康。色氨酸促進人體血清素生成，血清素乃神經傳導物質，給大腦傳遞快樂訊息，有助調節情緒，緩減抑鬱。色氨酸是人體必須的氨基酸，惟人體自身無法合成，須通過食物攝取。排除數字與科學原理，單單有機會品嘗矜貴的鮑魚，便教人開懷，滿足暢快。

華人進食鮑魚的歷史源遠流長，對其醫療效用也有一套理論。李時珍《本草綱目》就鮑魚（古之鰒魚）的解釋，已列於本書第一部分「溯源篇」。根據南京中醫藥大學

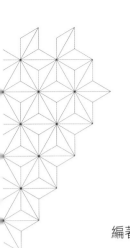

編著《中藥大辭典》（上海科學技術出版社，2006 年）載「鰒魚」條目，綜合《醫林纂要》、《隨息居飲食譜》的記載，解釋其性味屬「甘、鹹，性平」。又綜合多項藥典記載，指其功用：「滋陰清熱，益精明目，調經潤腸。主治勞熱骨蒸、咳嗽、青盲內障，月經不調」等。另引《隨息居飲食譜》記載，提醒鮑魚「體堅難化，脾弱者飲汁為宜。」基於相對難消化，脾胃虛者宜吃得小心。

按《本草衍義》指鰒魚「肉與殼兩可用，方家宜審用之，然皆治目。」鮑魚的殼入藥，名「石決明」，先去除雜質、洗淨，經乾燥後碾碎應用。《中藥大辭典》相關條目載功能主治：「平肝潛陽，明目去翳。主治頭痛，眩暈，目赤翳障，視物昏花，青盲雀目。」

據中醫理論，深海生物具有滋陰作用，鮑魚生於低溫水域的海底岩壁，也有這方面效益。《中藥大辭典》引《醫林纂要》所載指其具「補心緩肝，滋陰明目」功用。雖然中醫講究平衡，陰陽須調和，惟滋陰學派提出人體「陽常有餘、陰常不足」之說。形象化舉例，如達沸點的水，若不降溫，還加柴火，後果不堪設想。現代人生活緊張，飲食以肥甘厚味主導，一般陽氣過盛，適時滋陰乃養生智慧。細味鮑魚時，不妨循這方向思考調節生活作息。

口福：細味文化

很多食物經炮製，加以長時間存放，逐漸轉化出更深邃的層次——美酒愈顯香醇、果皮益見陳香。乾鮑亦然。細味乾鮑之美，黃隆滔讚嘆道：「乾鮑經歷陳化過程所形成的濃烈魚香，是它矜貴所在，也是食客品味的焦點。」

鮑魚由鮮品變成乾品，縱然沒有自然界定義的生命，但鮑魚內在持續蛻變，經歲月洗禮，彷彿展開另一次「生命」，綻放更明亮的光彩。富臨飯店雖是中菜館，但「一哥」楊貫一早已引入用西餐的刀、叉進食鮑魚，邀請食客以細味的角度品嘗，令品味鮑魚提升至文化層次。阿滔烹煮鮑魚經年，深明箇中之美，認同鮑魚需要如此細心品味。秉持承傳的使命，他不時外出示範推廣，與參加者分享細味鮑魚的體會：「我多數用日本鮑魚、南非鮑魚示範，並介紹用刀、叉，由上而下切開鮑魚來品嘗；當然，有人不愛用刀叉，愛原隻品嘗。」

多年來隨一哥學習，師徒合力追求極致的鮑魚菜式，走過的品味歷程殊不簡單。比方早年會把提鮮的排骨、雞走油，炸至金黃色，才用來煲鮑魚，令鮑魚汁更濃香。經過一段時間品嘗，發現鮑魚的食味和香味都降低了。他倆又研究，最終落實只把排骨和雞汆水下鍋煲煮鮑

魚，以保留鮑魚的「原形原味」為宗旨。期間試過多種食材，不同的組合，梅菜、燒鴨頭等都用上了。走了一圈，得出保留原味的結論，如此歷程值得一走；畢竟沒有經歷，何來體會？他說：「我們不停研究，持續修改，希望令客人喜歡，當時做出來的濃香複合口味，獲得客人稱讚，之後逐步改善到今天講究原味，為客人帶來另一層次的品味體驗，他們也喜愛。」

品味鮑魚前，食客應先了解不同產地鮑魚的特性。乾鮑那矜貴的陳化魚香，源於經歷陽光照曬，加上長時間陳放，顏色逐漸轉深，內裏的水分散失，味道愈加濃縮，達到魚香最濃郁的境界。未經歲月陳化的「新水」乾鮑，不會有這股濃烈的陳香氣味。至於鮮鮑魚，只有新鮮的海鮮香氣，不會散發陳香。

阿滔也愛品嘗其他人製作的鮑魚菜式：「所謂各師各法，各家的師傅有不同做法。不過，保留鮑魚的原味是很重要的，可以講：能夠維持到濃香的原味道，鮑魚身夠軟糯溏心，就是達到極致了，細意品嘗，人間樂事。」優的另一端是劣，若廚師失準，火路過度，足以毀了食材，導致鮑魚入口散碎，如啖豆腐，實教人洩氣。

除了單獨品味，鮑魚也可入饌，既萬變，亦不變。他認真分享：「對於炮製鮑魚菜式，我喜歡的做法，可說萬變不離其宗，把鮑魚最好的一面給客人品嘗。」在保留鮑魚原味原形的基調下，他會回應客人的喜好，一起商議，燜扣、紅燒、蒸炒，都可嘗試。這些年他屢獻新猷，如鮑魚腸粉、魚子鮑魚漢堡。

「鮑」你懂

※日本吉品顏色較淺，屬新水鮑魚。

※日本五島單邊網鮑陳化經年，顏色深邃。

「新水」與「舊水」

二者均為描述鮑魚陳化程度的術語。新水，指剛完成曬製工序的鮑魚，泛指新貨，至於舊水，則是經過陳化約十年或以上的舊貨。所謂陳化，指鮑魚在良好的儲存環境下，隨着歲月流逝，其內在味道、質感持續蛻變轉化。新水鮑魚顏色相對淺，經陳化成舊水貨後，色澤會轉深。若儲存環境理想，保存得宜，舊水貨勝過新水貨。

把乾鮑放進攝氏零下十八度的冷藏庫，因處於極低溫環境，以及沒有和外界接觸，陳化現象就會停止。經銷商會把「新水」鮑魚存於冷藏庫，避免乾鮑陳化，因為鮑魚色澤優缺，是買家入貨其中一個挑選指標，故貨品須維持原貌原色，供買家選擇。

第三章

慢工精研鮑美味

挑選優質乾鮑，在於經驗；

燜扣鮑魚，在於耐性及功力，

環環相扣，

真正享受鮑魚之美。

嚴選篇

挑選鮑魚絕對要落足心機。頭數大的鮑魚，看來只是一件茶褐色的小東西，要檢查的範圍有限……才不是呢！別小看它，要細察的地方可多，兼且要眼明心細。不想換來一肚氣，不想渴望的口福之樂未進嘴已溜走，得參詳以下挑選細目。

裏到外：望聞觸全審查

觀外

· 選擇外觀完好無損的，若鮑身收縮作一團、凹陷不平，俗語所謂「岩岩巉巉、夭夭皮皮」的模樣，不宜選用，此等貨色大多質硬而無法煲至腍身。

· 顏色視乎產地、品種有別，不能一概而論。以日本吉品鮑為例，「新水」吉品呈金黃色，而「舊水」貨的色澤會轉深。

· 細察鮑身外圍的裙邊珠花，以整齊完好為上選。何解？因出現崩缺、破損，可能是開殼時見鮑身腐爛，

即把該部分切除，可能鮑魚早已死掉，肉質腐壞，不新鮮的海產自是下選。

※ 細察鮑魚外觀及珠花完整，是嚴選鮑魚的首要。

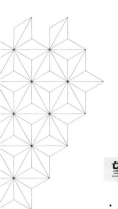

望內

· 照燈是常用的方法，可選用光線較強的手電筒照射鮑身，加以細察。此舉目的在了解鮑魚是否已充分乾透，若已乾透，鮑身在光線照射下呈現通透明亮；若不通透，甚至出現瘀黑色塊，多數源於未乾透而腐爛，所謂「爛芯」鮑魚，情況嚴重更會發臭。

· 識別「爛芯」鮑魚是要緊的，尤其部分廠號的晾曬工序馬虎，未及乾透已急忙推出市場發售，導致鮑肉腐爛。用家若不知就裏把「爛芯」鮑魚下鍋，會毀了整鍋鮑魚。

· 照燈主要用於檢查「新水」鮑魚，已陳化的「舊水」鮑魚顏色偏深，光線難以穿透。

驗質

· 拿起鮑魚，檢視是否乾身。乾身程度足夠與否，關乎煮後的「發頭」，即烹煮後鮑魚的體積，愈乾身，發頭愈大。鮑魚要十足乾燥是重要一環，因為買乾鮑按重量計，若買回來時重 600 克，曬乾後只得 550 克，即損失了 50 克；故此，愈乾身，可理解為愈「足秤」。

· 要了解乾身程度，可按壓鮑魚的頭尾，或拗屈一下整隻鮑魚。若頭尾能按得動，質感柔軟的，甚至整隻鮑魚能被拗屈得到的，顯示該鮑魚仍含有一定水分，未

夠乾身。再簡單一點，把兩隻鮑魚碰擊，又或把鮑魚在桌上敲，要是「轟轟」作響的，即相當乾身。

聞味

· 仔細聞鮑魚的氣味是關鍵步驟，完好的鮑魚只應有海味乾貨的海鮮香氣，絕不能有異味。如上文所指，未充分乾透的「爛芯」鮑魚會發出腐臭，消費者可憑聞味，把劣質貨排除出來。

· 商號會把鮑魚貯藏於雪櫃，待客人選購時才拿出來供揀選。冰封的鮑魚固然難以辨別色澤及外觀細節，聞味更屬不可能。因此，花點耐心，待鮑魚解凍至接近室溫，才仔細檢查，以鼻子貼近鮑魚細嗅，別敷衍了事，要逐一嗅。

· 「舊水」鮑魚經過陳放，散發一股濃烈的、帶海味乾貨的陳香。

※ 阿滔明言，挑選鮑魚時都會透過聞嗅，分辨鮑魚是否優質。

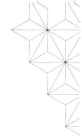

大手買：先煮試食定斷

上述屬於基本的篩選程序，對一般用家已足夠。若要大批入貨，委實不容有失，否則一指錯滿盤皆落索，那就要走多一步。外觀細察有助排除「爛芯」鮑魚等劣貨，但鮑魚品味的精粹，包括溏心程度、魚香味濃郁否、肉質是否軟腍等，單憑肉眼無法分曉。

故此，不妨購入廿餘隻，率先烹煮，細味質素。挑選上，在你想要選購那級數的貨品中，譬如屬上級的「Ａ魚」（分級詳見P.129），採用「逆向」方式選擇，意思是在你想要的那級別，暫捨棄標致之選，專攻那些看不上眼的「岩巉」貨色，特別是一眼看來就欠缺吸引力，十成是肉質堅實、難以煲腍的貨色，就選這些。

之所以要「捨美逐醜」，此舉在算計整手鮑魚的質素優劣上，更有把握。因為，即使看頭不足，無甚「勝算」的貨色，烹煮後的水準亦屬中規中矩，甚至有驚喜的軟糯溏心，說明整手貨的水準不會太差，可以入貨。對於要大手入貨人士，若錯選劣質貨，無疑是慘痛經驗。

買全套鮑魚

業界購買鮑魚，稱為「買全套」、「買桶貨」。全套，就是包含了不同頭數的鮑魚，十六頭、十八頭、二十頭、廿一頭、廿五頭、廿六頭、四十一頭、四十九頭……不一而足，總之廠家於該年度所採捕到的，曬製完好的各種頭數鮑魚，全數集中一起出售，好比由祖父輩至子孫輩整個家族齊集。

以日本吉品鮑為例，「全套」可包括各個頭數的貨色，比方十二頭一直到六十頭。然而，所謂「全套魚去買」，屬於大手購買，具規模的經銷商會這樣入貨；即使一般的食肆、菜館，亦不會這樣採購。

四等級：標致選異樣寶

從長知識層面，我們齊來站高一線，了解業界內，廠商如何把鮑魚貨品分類，供買家選貨。

每間廠商一般把鮑魚分為不同級數，從其外觀的完好程度、頭數的勻稱狀況，按優缺依次分為「特選」、「Ａ魚」「ＡＡ魚」、「Ｂ魚」及「Ｋ魚」。

特選

是某些廠商的出品，外觀標青，以吉品為例，色澤金黃，裙邊珠花齊整；魚身平滑沒有傷痕，整體頭數一致，每隻大小均一，非常勻稱。一百斤鮑魚約只有五斤「特選」，這一級索價最高。

※ 日本吉品鮑外形完整、色澤金黃、珠花完好，屬特選之貨。

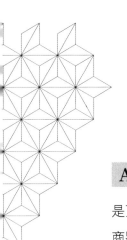

A 魚

是頂級魚，整體外型及色澤勻稱，是上佳之選。另有廠商將鮑魚貨品定為「AA 魚」類別。

B 魚

外觀次一級，形態、裙邊及顏色均勻。一整批貨內頭數不平均，有大有細。上述三等級的價格差距，每斤可達數千元。

K 魚

魚身有明顯缺損，裙邊見崩爛，往往源於開殼過程中把魚身弄破，外觀最遜色，與上一級的價格可相差三分之一。不過，外觀雖不濟，但烹煮後，不乏肉質佳、食味好的貨色。

個別鮑魚廠家，譬如日本的商號，會設「S 級」，意指 Super，超級之選，貨品確實漂亮得叫人驚嘆，戲言一句，每一隻如同在製模機生產出來的，頭數勻稱，外型一致，精緻完美。

善儲藏：活用日曬冰鎮

乾鮑經確認沒有異樣、異味，屬完好貨色，購買後仍得花功夫讓其陳化，並小心保存。「新水」乾鮑買回來再經陽光照曬，是重要的工序，可以令鮑魚的陳香更形突顯，達到最佳效果。照曬時要注意清潔衛生，若條件不容許照曬乾鮑，只好把鮑魚封好妥善存於雪櫃攝氏四度的位置。存放之前，把鮑魚用膠袋封好，再以真空密封包裝機處理，把整袋鮑魚抽真空，可謂萬無一失。

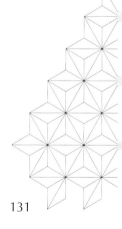

※ 保存得宜的乾鮑，配合適當的烹調法，依然可品嘗獨有的鮑魚香味。

若論最保險的做法，就是放入雪櫃內攝氏零下十八度的冰格冷藏，讓鮑魚進入冰封狀態，不會出現被蟲蛀、發霉等問題，乾鮑本身的食味不會因冰封受影響。然而，冰封狀態也同時令乾鮑的陳化現象暫停，可謂歷久常新，維持「新水」模樣，不會出現隨歲月流走而轉深色、魚味愈加濃香的「增值」效果。本書其他部分談細味乾鮑，焦點是品嘗陳化後的獨特魚香，冰鎮鮑魚卻影響了這過程。

話雖如此，儲藏方式並非必然是二擇其一，也可以是雙贏。把鮑魚放在雪櫃約攝氏四度的保鮮格，已築起首道防線，減少鮑魚受破壞。重點是鮑魚主人必須定期檢查，確保沒有不尋常的變化。又或經陳化後，才送入冷藏格保存，以策安全。

「鮑」你懂

鮑魚：是真是假

常謂分辨真假鮑魚，何謂之「假」？即是以非鮑魚這種生物來冒充。那麼，市場上可說沒有真假鮑魚問題，重點是消費者不要被誤導，並關注質素優劣。

的確，時有聽聞「螺肉充鮑片」，不法商人把螺肉乾品切片發售，在貨品名稱上取巧，辯稱只標為「鮑片」而非「鮑魚片」。消費者委員會多年來關注此等事件，其網頁「消費全攻略」欄目載有辨識鮑參翅肚的介紹，也列出這項貼士：「市面上有聲稱是『鮑片』的海味乾貨⋯⋯有些大如手掌，售價較廉宜，其實不是真正的鮑片而是由螺切片而成。因為鮑魚是昂貴的海味，乾品每斤可由數千至上萬元，如果有手掌般大的鮑魚，其一定價值不菲，根本不可能將它切片賤價售賣。」

若以原隻鮑魚銷售論，貨品確實是鮑魚，不能說是假貨，買家應留意其聲稱與貨品本身是否對等。某些地區的商人，能夠通過人工方法，把產品模塑如同日本生產的高價鮑魚外觀，以掩眼法佯裝成高貨價，誤導買家，再稍微割價利誘入貨。一分錢一分貨可說是不二的鐵律，要先了解鮑魚貨品的價格行情，以及不同來源、種類鮑魚的特質，別抱着不設實際的心態，圖以小博大。

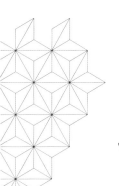

烹煮篇

經嚴選揀得優質靚鮑魚，要真正享受其美，得靠烹煮工序。富臨飯店行政總廚黃隆滔語重心長的說：「煲煮鮑魚是心機菜，要投入、上心！」煲煮過程歷時幾天，得細察火路，守候成果。同時要有耐心，藉實戰汲取經驗，在經驗中學習，隨學習而進步，才能掌握烹調之要義。以下他不吝分享多年來製作鮑魚的經驗談，每個點子都是歷經試驗得回來的。

奠基礎：浸發智慧竅門

乾鮑進行烹調前，第一個工序是浸發。有些人以為把乾鮑浸發多天，令鮑魚充分脹身，烹煮後的菜式才夠看頭。此舉實為大誤。

用清水浸發鮑魚，時間要拿捏準確。浸發時間多寡，視乎鮑魚的頭數而定。一般而言，四十頭鮑，浸一天；二十頭鮑，浸兩天，其他頭數按此比例調整。別以為鮑魚用清水浸泡着便百毒不侵，要因應天氣情況應變，若氣溫在攝氏二十度左右，尚可不放進雪櫃，若升至三十

度或以上，就必須冷藏，否則變壞。

浸發時間切勿過度，當浸泡的時間拉長了，鮑魚內在的鮮味會釋出到水中。須緊記，要鮑魚煮出軟腍質感，重點是「把鮑魚煲腍，而不是浸腍」。若浸發過程中，鮑魚本身的鮮味已大量流失，之後在煲煮過程中，即使加入各種肉類，意圖把味道「逼入」鮑魚中，也是徒勞，效果不大。最根本就是維護鮑魚本身的鮮味，打個比喻，鮮味盡然流失的鮑魚，如同軀體靈魂出竅，僅餘精疲力歇的空殼，乏力失色。要做到靈體合一，關鍵在於掌握浸發時間。

※ 日本奧戶四頭網鮑。

※ 日本奧戶四頭網鮑浸發三天即可，浸發要點是將鮑魚煲腍，而非用水久浸至腍。

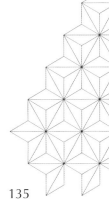

鹼發 vs 水發

浸發鮑魚，有「鹼發」與「水發」之別。鹼發，是加入鹼水來浸發，目的在加速鮑魚發脹，令個頭驟看巨型，純粹有名無實的虛招，絕不建議採用。烹調鮑魚，以達到保持「原形原味」為最高目標，何必弄虛作假搞無謂花招，何況鹼水是化學劑，有違健康飲食原則。

由此引伸，有人加入食用梳打處理鮑魚，以圖短時間內令肉質軟脸，同樣是下下之策，不可取。烹飪講究心機、耐性，何苦求快，欲速不達反壞事。

清內臟：嘴巴去留取捨

浸發完成後，烹煮前須徹底清潔鮑魚。現時出售的鮑魚，基本上都相當乾淨，可用小刷子（如牙刷）拭擦裙邊，並剪去沙囊及嘴巴，加以清洗。

嘴巴要剪去，抑或保留，有兩派說法。嘴巴作為吸食的器官，連結消化管道組織，把嘴巴和相連組織去除，取得更清潔的效果。不過，支持保留嘴巴一方則認為，嘴巴如「水龍頭開關掣」，尤其使用較大量水來煮鮑魚時，因嘴巴已被剪掉，如打開缺口，鮑魚的鮮味在此快速流失。但話說回來，用大量水來煮鮑魚實非上乘方法。故此，嘴巴去留可以衡量取捨。

工序考：巧手造心機菜

進入煲煮工序，黃隆滔直言：「煲煮鮑魚為求促進其內在的溏心效果，帶出軟糯質感，非要把它煲至碩大充豪。」在師父的指導下，加上他經年下苦功錘煉，阿滔對鮑魚可謂瞭如指掌，細如內臟結構，廣如不同煮法對鮑魚食味、口感的影響，無怪乎他敢說：「這麼多年來，各種各樣的做法我都試遍了！」以下五要點，是他把歷年所學的、親身驗證過的技巧，總結歸納，扼要分享。當然，烹飪講究靈活，因應鮑魚的品種、大小，有所調整。

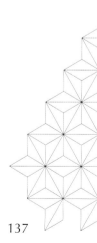

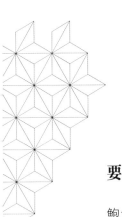

要點一：必先利其器

鮑魚有價，可是，煲鮑魚最重要是掌廚者的一顆心，廚具方面倒簡單，毋須大鑼大鼓響翻天，焦點是一個傳統的中式瓦煲，其次是竹網墊（以竹篾編成的墊子）、筷子、牙籤，就可以做出一台好戲。

一哥楊貫一鑽研鮑魚烹調經年，始有所成，他歸納的要點中，有這一項：「必須用傳統炭爐和瓦煲，才能保住鮑魚的鮮味」。炭爐有其優點，勝在火路均勻，奈何較難駕馭，放在今天的淺窄廚房，也比較危險，故此炭爐已甚少派上用場。至於用瓦煲烹煮，阿滔強調此乃「古為今用，新法製造」，不能或缺。

他指出，不鏽鋼鍋的熱力傳導快，卻也散得快，相較而言，瓦煲因其材質的特性，加上煲身的厚度，熱力散失得較慢，即存熱程度較高，熄火後，仍有一段時間維持在攝氏八十度，繼而六十度，溫度緩緩下降。故此，用瓦煲烹煮鮑魚，熄火後仍有一定的餘溫把鮑魚作「低溫慢煮」，這種烹調智慧中國人古已有之。

煲鮑魚歷時甚長，若食材積壓鍋底，易出現焦燶。故此，先要在鍋底做鋪墊，譬如縱橫交錯的擱上幾枝筷子，給食材與鍋底製造空間，熱力亦更流通。部分人則選用竹網墊，目的不外為防出現「黐䥴」致焦燶。中菜烹飪自

然不能缺筷子，除用來翻動食材，也可用來檢視鮑魚肉質的軟腍程度，亦有人用牙籤來檢查。

※ 一哥堅持用瓦煲烹煮鮑魚，阿滔繼承傳統技藝，讓鮑魚以低溫慢煮，成就完美之品。

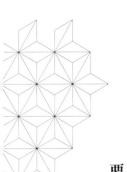

要點二：提鮮食材選

煲煮鮑魚，需要預備不同的肉類煨煮，從而提升鮑魚的食味。按「發頭」大小的理論而言，不放豬肉、雞同煲，只以清水煲鮑魚，發頭可以很高，即鮑魚的膨脹程度最大。然而，回到上文追求「原形原味」的宗旨，並非空求碩大可觀，而是把鮑魚本身的味道、它的形態，完美演繹。從實際的烹煮經驗所得，加入此等肉類一起煲扣，維護到鮑魚完好外觀的同時，也保持其食味，軀殼靈魂二合為一，圓滿呈現。

用料和分量，以一斤鮑魚計，加入約兩斤半排骨、一隻約三斤重的雞。選料及炮製因時代有別，過去，兩款材料都先經泡油處理，現在追求原味，捨棄這步驟，直接下煲。另外，鱔魚、大地魚、瑤柱這幾款提鮮法寶也可以加入，效果不俗，有些人更加入雞腳、燒鴨一同燜扣。另外，添加惹味的梅菜，也會帶來獨特的香氣。

選擇材料視乎廚師的取向，在追求原味的大前提上，可以返璞歸真，還原基本步，只選用排骨、雞，烘托鮑魚的鮮味，主次有序。

※ 富臨飯店行政總廚黃隆滔不時外出介紹鮑魚燜煮技巧，將「原形原味」的烹調宗旨，傳承給年輕廚師。

要點三：水量用得精

有人動用大型鍋，注入大量湯汁，一次過煲煮數量較多的鮑魚，此謂之「大水炝鮑魚」，實非造出可口鮑魚的良方（其問題參見〈好煮意〉篇章 P.146）。選用十二吋雙耳瓦煲，一次煲約一斤鮑魚，可以較少，但不要更多。煲一斤鮑魚，兌約四斤水分（指上湯）。

先把筷子或竹網墊置於瓦煲底，然後放下食材。食材作「三文治」方式疊放，即是先放排骨在底，然後鋪上鮑魚，再在其上放雞。鮑魚的鋪排沒有特別要求，但有枕的一面朝向煲底較佳。因為煲煮過程水分隨蒸發減少，水位徐徐下降，礙於枕身較厚，朝下放能確保這一面持續有濕氣滋潤，有助把肉質煮腍。

事前以鮮雞熬好上湯備用，待食材放置妥當後，便注入上湯。上湯要滿至浸過食材，然後蓋上鍋蓋開始煮。煲煮過程中，要保持煲內的濕氣，讓水蒸氣發揮作用，推動鮑魚吸收上湯的味道。大概每一小時添加一次上湯。

※ 一斤鮑魚約用四斤上湯燜扣，與排骨及雞層層疊排好，確保鮑魚長期以上湯煲煮。

要點四：文火煮加焗

無疑炊具與廚房設備日新月異，既然動用「古法」，還是推崇明火煮食，火候多寡能隨心所欲調校。

基本上，以慢火煲扣，至於煲煮時間，視乎鮑魚的大小而定。以二十頭鮑魚為例，約煲三天兩夜，並非指全程不停煮，整個烹煮期，受火時間約佔二十小時，譬如日間煮六小時，然後熄火，讓鮑魚在瓦煲內繼續起作用。如前文指出，瓦煲有充分的餘溫給鮑魚進行低溫慢煮。這過程是要緊的，所謂「三煲不如一焗」，即煲煮三句鐘的效果，卻不如焗一小時。因為持續煲煮會把食材煮爛，焗則是由內在出發對食材起作用。

要點五：收結防焦燶

煲煮過程須守候觀察火路，查看鍋內食材狀況，切勿煲至乾水。不同廠商銷售的鮑魚材質有別，沒有一本通書告知你大功告成的標準時間。廚師要有觸覺，細心判斷，臨近尾聲時，以牙籤刺一刺鮑魚身，感受軟硬程度適中否，判定熄火的時間。對有經驗的廚子，以筷了按一按鮑身，憑那回彈力，便知道其軟腍程度是否已達標。

當鮑魚已夠腍身，便毋須再添加上湯，而是讓它慢慢收汁，過程中使鮮味進一步滲入鮑魚中（參考「收汁的藝

術」P.145）雖然已近尾聲，卻是關鍵時刻，如看電影，正值壓軸高潮，得屏息以待，切勿掉以輕心，慎防焦燶，否則前功盡廢。由於鍋內食材較多，不容易透視煲底的實況，雖然瓦煲很燙，但廚師仍要小心把瓦煲微微傾側，觀察汁液的分量，會否過少而有焦燶之危。隨着收汁完成，整鍋鮑魚亦大功告成。

※ 燜扣至尾聲，讓日本吉品慢慢收汁，鮮味盡收其中。

※日本奧戶網鮑收汁完成，
汁液濃稠，精華所在。

收 汁 的 藝 術

不少人把鮑魚煮到尾，依然是滿滿的一鍋汁，誠非上策。
煲煮鮑魚至尾聲，收汁是相當關鍵的一步，為促進鮑魚
的鮮味打氣，作完美收結，此乃經驗之談。

煲煮鮑魚至最後階段，隨着收汁至尾聲，汁液越來越濃
稠，可說盡得精華所在，繼而熄火，把鮑魚留煲內繼續
浸漬約一、兩小時，讓瓦煲的餘溫促使鮑魚吸收汁液鮮
味精華，鮑魚的原味與鮑汁的鮮香內外夾攻，互為交融，
馥郁濃香，啖之妙不可言。一般來說，一斤鮑魚計最多
可收回一斤汁，分量約為中式茶樓所用茶壺的容量。

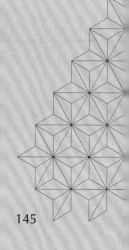

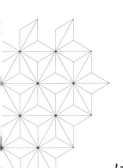

好煮意：宜與忌逐項數

保持原味 vs 添加調味

煲煮鮑魚期間，千萬別下任何調味料。此舉會導致鮑魚的鮮味釋出，壞了整鍋鮑魚，功虧一簣。

細察火路 vs 大安旨意

煮鮑魚確實是慢工細作，卻不等於可以大安旨意，以為注入上湯煲煮，毋須「睇火」。鮑魚是要時間和心機去「湊」的食物，切忌粗心大意，急於求成，過程中要適時監控火路，查看煲內食材狀況。浪漫的廚子會告訴你，煲煮鮑魚，恍若與愛侶談心，並肩同行。

揭盅試味 vs 聽天由命

來到尾聲，食味可說已成定局，何苦還要試味？試味，是廚師必須做的工序，來到這一階段試味，作用並非調校食味，而是嘗一嘗有否異樣的味道，譬如焦燶味，希望在燒焦前立刻搶救。

酌量添水 vs 大水猛焓

楊貫一歸納的煮鮑魚心得之一：「捨棄以往流行的大水焓煮，改用慢火煲扣。」

煲煮鮑魚，用水量要適中，如主文指出，一次煲約一斤，

可少卻不宜再多，同時，別下過量水分（上湯）煮，即所謂「大水焓鮑魚」。其弊在於煲煮過程中，鮑魚內在的鮮味會釋出流走，味道盡失。

相反，注入適量水分，過程中逐少逐少添加，保持適量，鮑魚內在的鮮味能保留在其中。以「大水焓鮑魚」，味道流失，不少人會加入鮑汁再煮，認為能把味道重新帶入鮑魚，奈何這樣子加味，甚為耗時，效果亦比不上保留鮑魚本身的原味，反為多此一舉。

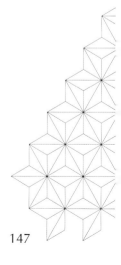

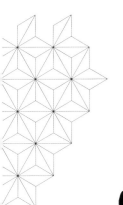

品味篇

前文詳細介紹烹煮乾鮑的整個過程，包括收結時關鍵一招「收汁」之妙，好讓鮑魚的鮮味更上一層樓，這兒也開誠布公的分享，冀與諸君分甘同味。製作完滿的菜式，端到餐桌，品味歷程才展開，除細啖主角本身，更涉及周邊提升嘗味樂趣的小節，不得不知；同時，餘下經冷藏的鮑魚，怎樣透過回鍋被再度「激活」，不可不識！繁忙都市人求快，選擇罐頭鮑魚，也別吃得草率，富臨飯店製作的「紅燒乾鮑」罐頭，推進了罐頭鮑魚的品味層次。

解凍回鍋如點睛

煲煮好的鮑魚，立即細味固然美妙。可是，始終是整整一鍋，未必能一次過品嘗，亦不能浪費，那就用保鮮盒把鮑魚連汁盛起，完好封存，待冷卻後放到雪櫃冰格妥存，可以保留相對長的時間。當要再品嘗時，前一夜先從冰格取出，放在雪櫃攝氏四度的格層，讓冰封的鮑魚經一夜的自然解凍，回復原狀，這是最好的解凍方法。

然後，用雞湯把鮑魚煮熱，再加入先前保留的鮑汁，真箇起死回生，把經冰鎮的鮑魚「激活」，其味無窮。餘下的鮑汁，若經真空包裝，置於雪櫃攝氏零下十八度的冰格冷藏，可存放半年，解凍後可如蠔油般使用，如扒蔬菜、撈麵。

可見，別以為隨便把鮑魚翻熱便了事，要圓滿品味程序，「回鍋」再煮屬關鍵工序，雖簡單，卻有點睛之效。「一哥」楊貫一很重視用瓦煲把鮑魚回熱的步驟，讓鮑魚以最佳食味奉客。在富臨飯店，這回鍋工序會在食客席前進行，過去由一哥開創，今天黃隆滔接力執行，在熟客眼中，師徒倆專心做菜的身影如出一轍，傳承美意盡在不言中。

繼承的同時，阿滔更重視開創，卻不會空求出奇制勝：「鮑魚最好的味道是原味，是經典，改不到太多，但配搭則有創新的空間。」他以「炒桂花翅配鱘龍魚子」為例，以清香的桂花炒翅，結合魚子的鮮鹹，誠為絕配，源於食材配搭精妙。歷年來巧費心思把鮑魚作跨界實

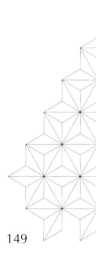

149

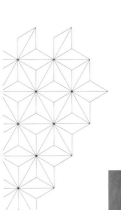

※ 黃隆滔承傳一哥在賓客前烹煮鮑魚，以最佳食味誠獻給食客。

踐，膽大心細，力求和諧。他曾應主題宴選用印度香料入饌，做出咖喱鮑魚，惟效果強差人意：「鮑魚本身擁有非常香濃的味道，不適宜與味道濃烈的香料、醬料一同燜煮，如咖喱、麻辣。」另外，鮑魚與柑橘、柿子，以至牛肝，屬不合拍的食物組合，不宜一同做菜或進食。合拍的組合則有遼參，遼參沒有濃烈的味道，與鮑魚正匹配，一道鮑魚扣遼參，美味非常。

創新方向萬化千變，他曾把四川菜的水煮魚來個跳脫變奏，做出「水煮東星斑配吉品鮑魚」，截然嶄新，獲客人欣賞；穿越時空也行，他把三十年代的菜式「玉液全雞」，華麗轉身變成「富臨寶貝雞」。如此這般一而再展現鮑魚的跨界味力。

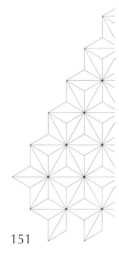

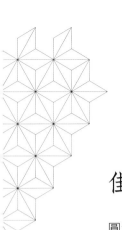

佳釀名茶妙配搭

圓滿品味歷程,酒餚必然要互配。與鮑魚結成好搭檔的,有多種類型的酒,若食客無意舉杯嘗酒,即使品茗,也有相得益彰之選。

酒精類

一)干邑

產自法國干邑地區的白蘭地,與乾鮑可謂絕配,讓品味鮑魚更豐富多姿。

中菜烹飪,時有「潷酒」步驟,用上花雕、玫瑰露等,為菜式錦上添花,提升菜式的香氣,讓整道菜姿彩紛陳。干邑在各種烈酒中,香氣相對突出,細味鮑魚期間,同步淺嘗,邊飲邊吃,能提升鮑魚的香氣。干邑入口順滑圓潤,經過口腔後餘韻縈繞。進食鮑魚時,最先嘗到鮑汁的鮮味,緊接再咀嚼,鮑魚深藏的鮮味進一步釋放,基於干邑餘香留在口腔的時間相對長,能帶動鮑魚接續而來的鮮香,讓食客回味再三。

※ 干邑與鮑魚互相配搭，讓鮑魚鮮味進一步提升。

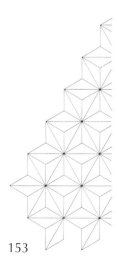

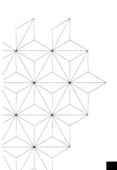

※ 富臨飯店設有恆溫酒櫃，為食客品嘗鮑魚之時提供餐酒配搭品味。

二）餐酒

鮑魚雖屬海產，配餐酒卻可彈性，鮮鮑以白酒為佳，因為白酒的酸度一般較為銳利，可提升鮮鮑輕淡的鮮味。

相對而言，乾鮑反而與紅酒搭配，挑選紅酒也較為講究，應盡量避免豐滿高單寧的紅酒，因單寧會和乾鮑的旨味相沖，繼而產生鐵鏽味，所以陳年的紅酒較為合適。其次，醬汁也需要注意，應避免帶甜的蠔油，而飯店正正使用雞和金華火腿熬製醬汁，與味道濃郁的鮑魚碰撞，能提升更多層次。酒餚搭配單求穩陣不免沉悶，反而追逐箇中的新鮮感，體會那意想不到的火花，更為有趣，紅酒在這方面更勝一籌。

紅酒大世界，選擇眾多，以下從幾個不同產區挑選了幾款，能與鮑魚起到互為映襯的品味效果：

・Château Musar 1998

Château Musar 乃黎巴嫩盛名最響的酒莊。1930 年，酒莊創辦人 Gaston Hochar 認識了因避戰亂而遷至黎巴嫩的波爾多著名釀酒師 Ronald Barton，從而建立該酒莊。及至 1959 年，其子 Serge Hochar 在波爾多修畢釀酒課程，回來後便參與酒莊的釀酒工作。

酒莊與波爾多既有如此深厚的淵源，其佳釀亦流露波爾多風格，包括這一枝。它糅合了三款葡萄：赤霞珠

（Cabernet sauvignon）、佳利釀（Carignan）及神索（Cinsault)，建構酒體輕柔的特質。由於乾鮑的陳香較濃烈，適宜選擇年份較遠，相對成熟的佳釀，單寧較為柔和而不着痕跡，不會和乾鮑本身的鮮香衝撞，產生苦澀味。

· La Rioja Alta: Gran Reserva 904 2011

橡樹河畔酒莊（La Rioja Alta S.A.），西班牙 Rioja 產酒區的最佳酒莊之一。

「904」意指 1904 年，那年酒莊進行合併，故推出這款旗艦佳釀以作紀念。Gran Reserva 的特點是釀造完成後，留在酒桶三年，緊接入樽，再存放兩年才推出市場發售。酒莊會陳年更久的時間，以達致更佳品質。

2011 這年份獲酒莊標示為「Gran Reserva」的最佳評級。其酒體圓潤豐滿，酒味相對優雅，溢滿李子、桑椹、雲呢拿、黑加侖子、椰子等黑色漿果的芳香，能提升乾鮑的鮮香，變化多端，帶出更豐富的味道層次。

三）中國酒

作為中菜，以中國酒配合品嘗鮑魚，有何不可！優質的
茅台與精心炮製的乾鮑，能兩相輝映，各展風采。

非酒精類：茶

品味乾鮑，若想以茶搭配，可選擇果味稍強一點的茶。
和酒一樣，茶也含有單寧酸，還有茶鹼等成分，一些較
濃的茶，如烏龍，茶鹼成分較重，與乾鮑的食味一碰撞，
可能帶出苦澀味。

因此，不妨挑選發酵程度較高的茶，包括紅茶、生茶，
譬如雲南滇紅、貴州滇紅國色天香，另外，遠年普洱也
合適。這些茶口感較平和，入口不會有強烈的爆炸感，
與乾鮑的食味和平共處，互為彰顯。

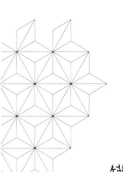

罐頭乾鮑顯食力

罐頭鮑魚勝在方便，掌廚者毋須勞心勞力煲煮，只消開罐，費些許時間略作烹煮即可享用。然而，罐頭鮑卻非必然吃得隨便，華麗之選已在眼前。2018 年，富臨飯店推出自家品牌的罐頭鮑魚——「紅燒乾鮑」，四個字已道出製作初衷。選用乾鮑，顯見從品味角度出發，賣的是優質乾鮑、精彩食味，以及難忘口感。

老掉牙的說法，要做好菜式必須有優質材料，為物識最佳主角「鮑魚」，富臨飯店執行董事邱威廉聯同行政總廚黃隆滔，一同前往南非東開普省的東倫敦市，親臨該處獲得政府認可的大型鮑魚養殖場，了解鮑魚如何培育繁殖。

養殖場座落的海域，水質極佳，蘊含充沛的營養物質。養殖場有此優質水資源作後盾，結合科學化管理，培養品種優良的鮑魚苗，提供良好的成長環境，以悉心調配的海藻餵養，有助提升鮑魚的魚香。同時，參考傳統的乾鮑製作工序，開發本身的獨特製法，出產的乾鮑香濃軟糯。養殖場的乾鮑經他倆確認屬優質產品，才選作為原材料。

烹煮一環由黃隆滔把關，貫注他多年來的實踐經驗。縱然煮過無數次鮑魚菜式，他沒有搬字過紙，在作為包裝

食品的大前提下，力求最佳效果，確保製成品擁有優質鮑魚必備兩大精粹——魚味香濃、軟糯溏心。他選用排骨、雞等材料熬煮鮑魚，並與製作團隊反覆試味，調整改良，始定出最適合的醬汁配方，帶出「紅燒乾鮑」豐富的味道層次，符合富臨飯店講究「原形原味」的品味宗旨，沒有添加味精及防腐劑。製成品的入罐包裝，在

※南非鮑魚養殖場坐落於清澈海域，優質水源為鮑魚生長提供有利條件。

※鮑魚養殖場參考傳統乾鮑工序技巧，成品外形精巧，鮑香軟糯。

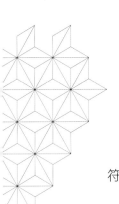

符合國際級安全標準認證的工場進行，安全衛生。

參與開發產品，阿滔細訴初衷：「希望食客在家中也能做出米芝蓮星級美食；同時，『紅燒乾鮑』也可以成為代表香港的手信。」他亦希望藉此進一步推廣乾鮑，畢竟市面罐頭鮑魚林林總總，容易被人混為一談，「紅燒乾鮑」好比活動教科書，讓普羅大眾了解品味鮑魚確實有不同層次，從而認識乾鮑之美。

罐頭乾鮑烹調：幾個工序，即可變成端得上桌奉客的美饌。先把罐頭乾鮑原罐放入熱水焫半小時；開罐倒進砂鍋，以大火滾起即成，重現紅燒乾鮑的原汁原味。餘下的鮑汁，可用於扒蔬菜、撈麵。

※ 富臨飯店精選南非鮑魚製成乾鮑，入罐而成罐頭「紅燒乾鮑」，貫徹「原形原味」的品味宗旨。

160

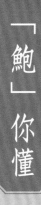

罐頭鮑，招紙藏乾坤

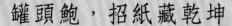

主文介紹的「紅燒乾鮑」罐頭，相對市場上林林總總的罐頭鮑，屬於較獨特的貴氣之選。目前，罐頭鮑魚很普及，在各種零售渠道皆可找到，大多採用新鮮鮑魚製造，不同產地的鮑魚，味道有差別。基本上，把罐頭鮑原罐放熱水煮熱，已可開罐食用，此舉亦有助把略硬的鮑魚肉質軟化。另外，罐頭鮑魚也可以加入排骨、雞、老抽一起燜扣，增加肉的味道和顏色，若要這樣處理，可選用罐頭乾鮑。不過，把罐頭鮑魚下鍋再煮，不要煮過久。

罐頭鮑魚的來源地眾多，以墨西哥出產的罐頭車輪鮑最知名，風行多年，其他產地包括澳洲、新西蘭、南非、智利等。選購時應先讀標籤所示的材料成分、來源地及內含的隻數。除閱讀包裝招紙，也可以查看印於罐上的英文字母及數字，有助探究內裏乾坤。如「AUS F1」，前者表示產自澳洲、後者表示屬於「一級」，罐內有一隻鮑魚；若標為「FF1」，即有一隻半。又如「AUS NZ」，意指鮑魚產自新西蘭，但在澳洲入罐。

關於隻數，南非罐頭鮑以「PCS」顯示，如「4/PCS」，即一罐內有四隻。墨西哥罐頭鮑列印的字樣，可逐一拆解，譬如「PBZ11-02D9」，開首的「PB」是工廠的編號，緊接的「Z」則指鮑魚的品種，Z是藍鮑，而 A 則代表黃鮑。隨後的數字，表示罐內藏有的鮑魚數量，「11」即 1 隻加上半隻，其他如「10」是一隻、「40」是四隻。之後的數字及字母，是出廠日期，「02」意指 2 號，「D」是四月（由 A 即一月、B 即二月、C 即三月依次數算），「9」，意指 2019 年；故這罐於 2019 年 4 月 2 日出廠。部分罐頭鮑招紙印上「Product of South America」（南美洲產品），比較空泛，可再查看罐身列印的文字，如見「CHILE」，即產於智利。

鮑魚菜譜展身手

富臨飯店行政總廚黃隆滔不時鑽研鮑魚菜式，

巧思創意，

為食客帶來品味鮑魚的新體會，

現將數款自創的鮑魚菜式公諸同好，

以饗知音。

富臨寶貝雞

將吉品鮑、江瑤柱、花菇及金華火腿藏於雞肚烹調，雞肉自帶有各海味香氣，鮮香、味濃，怎不令人陶醉？

材料
廿八頭吉品鮑 4 隻
江瑤柱 4 粒
金華火腿 4 片（蒸熟）
花菇 4 朵
雞 1 隻
雞腿 2 隻
鮑魚汁 2 湯匙

調味料
鹽 4 克
糖 3 克

芡汁
濃雞湯 800 克
花雕酒 30 克
生粉 30 克

蒸花菇料
薑及葱各 10 克
紹酒 5 克
冰糖 2 克
鹽 1 克
雞湯 150 克

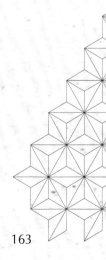

做法

1. 吉品鮑預先燜扣好，備用。

2. 原粒江瑤柱放入油炸至金黃色，用器皿盛好，加入清水、薑及葱蒸 3 小時。

3. 原隻花菇浸軟，放入器皿內，加入蒸花菇料蒸約 2 小時。

4. 雞腿起骨，切成 4 件，與全雞加調味料醃 1 小時。

5. 將吉品鮑、江瑤柱、花菇及金華火腿放入雞肚內，再注入鮑魚汁，隔水蒸 1 小時；雞腿蒸 20 分鐘。

6. 將蒸雞所得雞汁，加入濃雞湯及花雕酒下鍋，以生粉勾芡。

7. 碟內放上鮑魚、江瑤柱、花菇、雞件及金華火腿，澆上芡汁，以葱段裝飾即成。

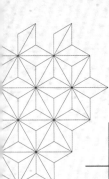

網鮑蒸蛋白伴鱘龍魚子

網鮑肉厚軟糯，配搭蛋白一起蒸，散發幽幽蛋香，
飾以鱘龍魚子，為成品增添貴氣。

材料

二十頭網鮑 1 隻
蛋白 30 克
上湯 45 克
鱘龍魚子 10 克

芡汁

上湯 20 克
生粉少許

做法

1. 網鮑預先燜扣好，備用。

2. 蛋白與上湯混合拌勻，過濾備用。

3. 網鮑放在上湯蛋白漿上，蒸約 6 分鐘。

4. 用上湯勾芡，澆到蒸蛋白面，伴上鱘龍魚子即成。

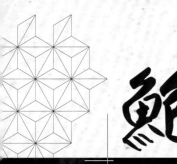

鮑魚
扣鵝掌

鮑魚香軟、有嚼勁;鵝掌綿滑、富膠質,燜扣入味,
帶給食客豐腴的食味感受。

材料

十八頭吉品鮑魚 1 隻

鵝掌 1 隻

金華火腿汁 5 克

鮑魚汁 5 克

雞湯 50 克

唐生菜 2 棵

黑白芝麻適量

白飯適量

燜煮料（可燜煮 10 隻鵝掌）

金華火腿 25 克

排骨 45 克

蠔油 45 克

老抽 20 克

冰糖 5 克

鹽 1.5 克

做法

1. 吉品鮑預先燜扣好，備用。

2. 鵝掌起大骨，下油炸透；加入燜煮料及清水（水量蓋
   過鵝掌），燜煮約 3 小時。

3. 鮑魚及鵝掌以金華火腿汁、鮑魚汁及雞湯煮熱，勾
   芡，酌量以老抽調色。

4. 上碟時，白飯面灑上黑白芝麻，以唐生菜伴碟即成。

羅漢齋炒鮑粒

色彩繽紛的素材料，入口清爽，菇香味濃，以吉品鮑點綴菜品，增添了幾分非凡之味。

材料

廿八頭吉品鮑 3 隻

榆耳 30 克

黃耳 30 克

冬菇 30 克

竹笙 20 克

草菇 20 克

蘑菇 20 克

芥蘭莖 200 克

甘筍 20 克

上湯 300 克

調味料

鹽 1 克

糖 1 克

鮑魚汁 20 克

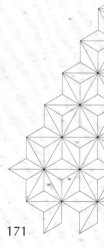

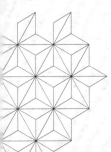

做法

1. 吉品鮑預先燜扣好，切粒備用。

2. 榆耳、黃耳、冬菇及竹笙分別浸軟；所有材料切粒。

3. 將各款素材料汆水，瀝乾水分，然後加入上湯煮至入味，盛起瀝乾備用。

4. 燒熱鍋，下油放入已汆水的素材料炒香，加入鮑魚粒拌勻，酌加調味料及鮑魚汁，上碟即成。

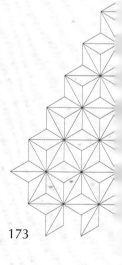

我的鮑魚情——
訪富臨飯店行政總廚黃隆滔

※ 阿滔的人生足跡，與鮑魚交織出綿密的緣份，這份鮑
魚情，細水長流！

1992 年，黃隆滔加入富臨飯店，任職廚房「士啤」位，
屬替補角色。當刻的幹練小夥子，沒想到與鮑魚結緣。
然而，緣起不滅，綿延至今，牽線者之一，是「一哥」
楊貫一。

阿滔在飯店由低做起，務實認真，因緣際會獲一哥點名
同行外出示範，繼之成為其左右手，有機會持續向他學
習做人、處世，當然還有掌廚之道，過程中必然觸及一
哥的絕活——烹煮鮑魚。無論在富臨的廚房，以至境內
外的表演場地，他從一哥的身教逐步領略炮製鮑魚的要

義，不僅是爐灶上的技法，還有對鮑魚的一份情。他懷着敬意憶述：「師父很珍惜鮑魚，經常查看觸摸，才能熟知各種鮑魚的特性，好比對待人，久不久要和它們傾偈。」

單純旁觀，難以大業，期間阿滔出資出力，自行購入乾鮑，在家中煲煮鍛鍊，然後帶回飯店給一哥嘗味，聆聽意見，不斷摸索，持續改良。烹飪如做人，沒有實踐，何來經驗，欠缺經驗，難成入心的技藝。及至今天，烹煮鮑魚手到拿來，品味鮑魚能啖出箇中層次，在公在私，鮑魚好比知己良朋。他認真的說：「說我喜愛鮑魚，這是很貼切的！由採購、存放、烹調，每一環都面對種種考驗，必須認真處理，才能成就經典菜式。」寥寥數語，概括了他多年來走過的鮑魚歷程。

※ 阿滔說：「師父讓我認識鮑魚之美，令我愛上鮑魚。」

早年他已隨一哥到海味店選購鮑魚，逐步成長，當上採購要員。長年與鮑魚打交道，親手揀選，全然貼身接觸，他甚至把鮑魚視作藏品。此間他把存放在冷藏庫的乾鮑拿出來介紹，足教看官感動。鮑魚被仔細的收入塑料袋，經嚴實的真空密封，小心存放經年，全屬精選。這一袋日本吉品何等漂亮、那一袋南非鮑魚已成絕響……全都有故事，恍若介紹自家孩子的成就，喜上眉梢。

他的人生軌跡也與鮑魚有無盡交集，織出綿密的網絡歷程。鮑魚，引領他走遍境內外各地獻藝考察。2018年，他為富臨飯店籌備製作「紅燒乾鮑」罐頭，與飯店執行董事邱威廉同往南非的大型鮑魚養殖場參觀，開了眼界。鮑魚也為他織起人脈網。2019 年，他獲日本領

※ 日本仙台鮑魚場負責人（圖中間者），品嘗從香港帶往日本的富臨飯店鮑魚。

使館安排下，與邱氏同訪宮城縣仙台市，與當地水產業界交流。期間遇上一位資深從業員，驚訝的發現：「這位伯伯從事鮑魚業幾十年，原來只吃過鮑魚刺身，從未品嘗過經烹煮的乾鮑魚。」他特別煮了一道鮑魚菜式給伯伯細味，對方吃罷大為推許。阿滔説：「讓他了解當中的食味、口感，希望他們繼續改善製作，帶出溏心口感。」

自強奮拓墾，承傳敞新天

阿滔歷年透過鮑魚廣結人緣，他的鮑魚情是複雜的：

其一，師徒情誼。他與一哥同踏人生旅程，由日正當中走到斜陽夕照，永誌難忘，這些都記錄在 2022 年出版的《阿一師徒與鮑魚》一書中。

其次，作為經驗廚師，他熱心出席飲食業界的活動，譬如到中華廚藝學院講課，以至應邀主持講座，每一次都帶同鮑魚即場示範，與眾分享。他由衷道：「目的只有一個：讓更多人感受到鮑魚的魅力，體會何謂最好的鮑魚，用味蕾留住記憶，更讓新一輩廚師學員認識怎樣以耐心煮出好的鮑魚。我希望透過多做推廣，把鮑魚帶到世界各地，現在已到過美、加、法國等地。」

這話道盡其推廣使命。作為新世代廚師，阿滔從沒有築牆自困，樂與不同流派名家碰撞，喜到外地獻藝，全情

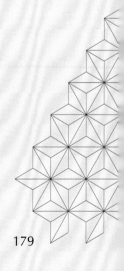

179

※飲食業界的推廣活動，阿滔不遺餘力，為大眾推廣美食，將鮑魚美饌推展開去。

投入把鮑魚菜式呈獻給各地食客。近年他便出席了多個重要活動：

2022 年，應邀參與「Dinosaurs Unleashed 恐龍慈善晚宴」，獻上日本禾麻鮑魚配絲苗，與本地七位米芝蓮名廚觀摩切磋。

2023 年，聯同富臨飯店點心部主管林國威參與香港旅遊發展局舉辦的點心工作坊，與來自泰國、菲律賓、日本、澳洲及美國的名廚交流。

2024 年，他再次獲邀出任「米芝蓮晚宴」的主廚之一。有感富臨飯店不僅鮑魚馳名，小菜亦了得，故別出心裁炮製一道咖啡叉燒，甚具創意。他先後試用九種不同分量的咖啡來醃製叉燒，反覆調校香味、甜度，才告完成，印證他創新菜式的苦心孤詣。

多年來與各地廚師交流合作，他坦言：「了解到他們在食材演繹上各具特色，從中取其優點，融會於中菜烹調，是最大得着。」他不懈求進，數年前修讀中華廚藝學院的大師級中廚師課程，畢業論文題為「細説鮑魚」，重塑多年來與鮑魚同行的觀察與心得，足見他與鮑魚情誼之深。

今天已是獨當一面的廚子，談鮑魚情，他仍惦記一哥：「主理鮑魚幾十年，一哥仍力求把鮑魚菜式做得更好，我很幸運可以跟隨他一起去做。三十個寒暑，對我是很好的磨練，所造出來的鮑魚，我不想將它改變，因為已是完美的。」

這些年阿滔對外推廣的鮑魚菜式，正是在維護經典原味的基礎下注入新意，屢獲外界好評。每次他亮相，食客便守望其鮑魚美饌，阿滔恍若與鮑魚融為一體。

※（左圖）阿滔參與「Dinosaurs Unleashed 恐龍慈善晚宴」，與本地米芝蓮名廚切磋交流，分享經驗。

※（右圖）與同事一起參與協康會第 27 屆「全港廚師精英大匯演」，席間與各地名廚交流心得。

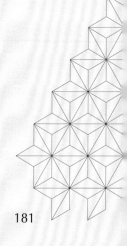

香港鮑魚情——
本地土產鮑魚二三事

香港也有鮑魚出產，卻是那些年舊憶。

上世紀五、六十年代《華僑日報》曾數次為本地採鮑工人作訪問報道。1957年11月19日的一篇，介紹每年4月至11月為本地採捕鮑魚的季節，尤以5月及6月收穫最佳，鮑魚至肥美。採鮑工人必須強壯，善水性，「通常要潛到四、五十呎的海底去工作，有時甚至要潛入七、八十呎的海底深處」，深潛時須配備氧氣筒。報道指採鮑乃正職，惟冬季休業，當時全港從業者少於一百人，多屬海陸豐兩縣人士。採捕地點包括「塔門、橫欄、牛尾排、涌口、石澳、柴灣、清水灣等港海的海底」，當中兩地名疑為牛尾海、大涌口。

1958年8月3日另一篇訪問則指「九龍灣半島的東部——至清水灣，直到大澳門一帶」，均盛產鮑魚，卻「不及高流灣的鮑魚肥美」。採鮑有危險性，除了欺山莫欺水，下雨天水溫過冷，還有鯊魚活躍的季節，皆要當心。同時指出潛入海底後，「最多不過一分半分鐘，就要浮到水面上來呼吸一口新鮮空氣了」，看來是不配裝備的徒手浮潛。報道稱為專業性的工作，收穫好時一天可採十多廿斤，每斤賣得一元八毫，總括而言，「好景的時候，每月也有三、四百元的收入」，卻始終屬季節性工作。1966年11月21日的報道走訪了一位有十餘年經驗的工人，同樣在上述海域採鮑，當時旺季的收入可達四、五百元。

至於所採鮑魚屬哪個品種，並無介紹。但即使是土產貨，還是有價的，1961年6月16日《工商日報》報道前月三日，西貢龍船灣（糧船灣前稱）村村民發現有人在海邊潛水採捕鮑魚，發生爭執，後各自糾集人馬，廿餘人械鬥。本地採鮑業僅有一頁短促的簡史。

養殖之議　食味鮮甜

1978 年 3 月 30 日，立法局議員羅德丞指出香港海域未被盡量利用，只要對船隻航道不構成影響，應適當開發淺水海床，作為康樂及海產養殖用途。4 月 2 日《工商晚報》以其發言造文章，標題為「人工殖養鮑魚　此條財路可通」。內文提到「本港漁民沿海人工殖養魚穫是相當出色的，但有沒有想到在這現有的規模上，進一步擴大以及發展其他的海產呢？諸如人工繁殖鮑魚」，這一項構想，啟發自「台灣近年已有不少企業家在沿岸淺水區進行人工養殖鮑魚，他們深信有利可圖」。文末簡介養殖鮑魚的設施要求，涉及的投資絕不輕，故此路可通否仍待觀望。往後香港在某些水產項目有一定的發展，卻未見鮑魚養殖業成形。

如本書談到，台灣的九孔鮑魚已發展成產業。有「中國第一美食家」美譽的前輩作家唐魯孫，在〈臺灣的海鮮〉一文品味九孔鮑魚，指出較一般蚌類「肥碩細嫩」，烹調上，「以鹽滷塗搽，在火上乾燒，最能保持本身鮮味」，這吃法接近宋代的品味好尚。那麼，香港的土產鮑魚味力又如何？

資深食評家唯靈在〈迷你赤柱鮮鮑〉一文，記下他在中區一食府吃到一道清蒸赤柱迷你鮮鮑，指出這種鮮鮑「個子袖珍，平均像半截拇指的大小，嬌小玲瓏……蘸以紅辣椒絲生抽，入口爽滑鮮甜，嚼來有咬口而不韌。」並形容為下酒「妙品」。事後向店東了解，「始知這種迷你型的鮮鮑來自赤柱，不過產量不多，來貨頗疏。」

文末的一小段後記，指出：「六七十年代不但吐露港塔門盛產鮮鮑魚，港島南區也亦不少，可惜的是這一切都空餘追憶了。」

編著者
富臨飯店

校訂
邱威廉・黃隆滔

責任編輯
簡詠怡

撰文
黃夏柏

裝幀設計 / 排版
羅美齡

出版者
萬里機構出版有限公司
香港北角英皇道 499 號北角工業大廈 20 樓
電話：2564 7511　　傳真：2565 5539
電郵：info@wanlibk.com
網址：http://www.wanlibk.com
　　　http://www.facebook.com/wanlibk

發行者
香港聯合書刊物流有限公司
香港荃灣德士古道 220-248 號荃灣工業中心 16 樓
電話：2150 2100　　傳真：2407 3062
電郵：info@suplogistics.com.hk
網址：http://www.suplogistics.com.hk

承印者
中華商務彩色印刷有限公司
香港新界大埔汀麗路 36 號

出版日期
二〇二四年七月第一次印刷

規格
大 16 開（190 mm × 255 mm）

鳴謝：李健鵬（富士商行株式會社）